W0262852

Leitfäden der angewandten Informatik

Bauknecht / Zehnder: **Grundzüge der Datenverarbeitung**
Methoden und Konzepte für die Anwendungen
2. Aufl. 344 Seiten. Kart. DM 28,80

Beth / Heß / Wirl: **Kryptographie**
205 Seiten. Kart. DM 24,80

Craemer: **Mathematisches Modellieren dynamischer Vorgänge**
288 Seiten. Kart. DM 36,—

Frevert: **Echtzeit-Praxis mit PEARL**
216 Seiten. Kart. DM 28,—

Gorny/Viereck: **Interaktive grafische Datenverarbeitung**
256 Seiten. Geb. DM 52,—

Hofmann: **Betriebssysteme: Grundkonzepte und Modellvorstellungen**
253 Seiten. Kart. DM 34,—

Hultzsch: **Prozeßdatenverarbeitung**
216 Seiten. Kart. DM 22,80

Kästner: **Architektur und Organisation digitaler Rechenanlagen**
224 Seiten. Kart. DM 23,80

Mresse: **Information Retrieval — Eine Einführung**
280 Seiten. Kart. DM 36,—

Müller: **Entscheidungsunterstützende Endbenutzersysteme**
253 Seiten. Kart. DM 26,80

Mußtopf / Winter: **Mikroprozessor-Systeme**
Trends in Hardware und Software
302 Seiten. Kart. DM 29,80

Nebel: **CAD-Entwurfskontrolle in der Mikroelektronik**
211 Seiten. Kart. DM 32,—

Retti et al.: **Artificial Intelligence — Eine Einführung**
X, 214 Seiten. Kart. DM 32,—

Schicker: **Datenübertragung und Rechnernetze**
222 Seiten. Kart. DM 28,80

Schmidt et al.: **Digitalschaltungen mit Mikroprozessoren**
2. Aufl. 208 Seiten. Kart. DM 23,80

Schmidt et al.: **Mikroprogrammierbare Schnittstellen**
223 Seiten. Kart. DM 32,—

Schneider: **Problemorientierte Programmiersprachen**
226 Seiten. Kart. DM 23,80

Schreiner: **Systemprogrammierung in UNIX**
Teil 1: Werkzeuge. 315 Seiten. Kart. DM 48,—

Singer: **Programmieren in der Praxis**
2. Aufl. 176 Seiten. Kart. DM 26,—

Specht: **APL-Praxis**
192 Seiten. Kart. DM 22,80

Vetter: **Aufbau betrieblicher Informationssysteme**
mittels konzeptioneller Datenmodellierung
2. Aufl. 317 Seiten. Kart. DM 34,—

Weck: **Datensicherheit**
326 Seiten. Geb. DM 42,—

Wingert: **Medizinische Informatik**
272 Seiten. Kart. DM 23,80

Wißkichen et al.: **Informationstechnik und Bürosysteme**
255 Seiten. Kart. DM 26,80

Zehnder: **Informationssysteme und Datenbanken**
255 Seiten. Kart. DM 32,—

Preisänderungen vorbehalten

 B. G. Teubner Stuttgart

Leitfäden der angewandten Informatik

W. Nebel
CAD-Entwurfskontrolle in der
Mikroelektronik

Leitfäden der angewandten Informatik

Herausgegeben von

Prof. Dr. L. Richter, Zürich
Prof. Dr. W. Stucky, Karlsruhe

Die Bände dieser Reihe sind allen Methoden und Ergebnissen der Informatik gewidmet, die für die praktische Anwendung von Bedeutung sind. Besonderer Wert wird dabei auf die Darstellung dieser Methoden und Ergebnisse in einer allgemein verständlichen, dennoch exakten und präzisen Form gelegt. Die Reihe soll einerseits dem Fachmann eines anderen Gebietes, der sich mit Problemen der Datenverarbeitung beschäftigen muß, selbst aber keine Fachinformatik-Ausbildung besitzt, das für seine Praxis relevante Informatikwissen vermitteln; andererseits soll dem Informatiker, der auf einem dieser Anwendungsgebiete tätig werden will, ein Überblick über die Anwendungen der Informatikmethoden in diesem Gebiet gegeben werden. Für Praktiker, wie Programmierer, Systemanalytiker, Organisatoren und andere, stellen die Bände Hilfsmittel zur Lösung von Problemen der täglichen Praxis bereit; darüber hinaus sind die Veröffentlichungen zur Weiterbildung gedacht.

CAD-Entwurfskontrolle in der Mikroelektronik

Mit einer Einführung in den Entwurf kundenspezifischer Schaltkreise

Von Dipl.-Ing. Wolfgang Nebel
Universität Kaiserslautern

Mit 139 Bildern

B. G. Teubner Stuttgart 1985

Dipl.-Ing. Wolfgang Nebel

Geboren 1956. Von 1975 bis 1982 Studium der Elektrotechnik an der Universität Hannover, seit 1982 wiss. Mitarbeiter am Fachbereich Informatik der Universität Kaiserslautern.

CIP-Kurztitelaufnahme der Deutschen Bibliothek

Nebel, Wolfgang:
CAD-Entwurfskontrolle in der Mikroelektronik: mit e. Einf. in d. Entwurf
kundenspezif. Schaltkreise / von Wolfgang Nebel. –
Stuttgart: Teubner, 1985.
  (Leitfäden der angewandten Informatik)
  ISBN 978-3-519-02476-7   ISBN 978-3-322-94653-9 (eBook)
  DOI 10.1007/978-3-322-94653-9

Gesamtherstellung: Zechnersche Buchdruckerei GmbH, Speyer
Umschlaggestaltung: W. Koch, Sindelfingen

Vorwort

Das vorliegende Buch entstand aus einem Skript zur Vorlesung "CAD-Hilfsmittel zur Entwurfskontrolle hochintegrierter Digitalschaltungen". Diese Vorlesung wird seit 1983 von mir unter wissenschaftlicher Verantwortung von Herrn Prof. Dr.-Ing. R. W. Hartenstein gehalten. Sie ist Bestandteil des Hauptstudiums Informatik der Universität Kaiserslautern.

Neben einer gründlichen Überarbeitung wurde das Skript im wesentlichen um zwei einführende Kapitel ergänzt. Das erste gibt dem Leser in knapper Form einen Einstieg in die NMOS-Schaltungstechnik. Dieses Kapitel richtet sich insbesondere an zwei Leserschichten: Erstens den Informatiker, der CAD-Hilfsmittel entwerfen will und eine einfache Darstellung der elektrotechnischen Hintergründe sucht. Der zweite Personenkreis sind Entwickler elektronischer Schaltungen, denen dieses Kapitel als Einführung in den Entwurf kundenspezifischer Schaltungen dienen kann. In beide Leserkreise beziehe ich auch Studenten der entsprechenden Fachrichtungen ein. Das Kapitel geht bewußt nicht auf festkörperphysikalische Einzelheiten und komplizierte Transistormodelle ein. Es orientiert sich vielmehr am bekannten·Lehrbuch "Introduction to VLSI Systems" von Carver Mead und Lynn Conway /9/. Ich bitte alle Halbleiter-Physiker und Technologen, diese Abstraktion zu verzeihen.

Das zweite Kapitel gibt eine Übersicht über die verschiedenen Schritte, die von einer Schaltungsidee bis zum fertigen Chip führen. Hier werden die verschiedenen Betrachtungsebenen während der Entwurfsphase und die CAD-Werkzeuge, die in den verschiedenen Abstraktionsebenen zur Verfügung stehen, aufgezeigt. In diesem Kapitel werden die Grundlagen für einen strukturierten Schaltungsentwurf gelegt, dessen grundsätzliche Bedeutung ich im gesamten Buch hervorhebe.

Kapitel 3 und 4 befassen sich mit zwei Schwerpunkten der Entwurfskontrolle integrierter Schaltungen, dem Design-Rule-Check und der Schaltkreisextraktion. Zu beiden Gebieten werden unterschiedliche Lösungsmöglichkeiten vorgestellt. Diese Algorithmen haben sich größtenteils bereits in der Industrie und an Hochschulen bewährt. Es werden in der Regel jedoch nicht einzelne existierende Programme präsentiert, sondern es wird versucht, Klassen von Programmen zusammenzufassen und deren Algorithmen in einer einfachen pseudo-formalen Schreibweise darzustellen. Auch hier wurden im Sinne einer anschaulichen Präsentation hin und wieder Details vereinfacht. Hervorzuheben ist, daß die vorgestellten Verfahren über den hier vorliegenden Anwendungsfall hinaus eine gewisse Allgemeingültigkeit in der graphischen Verarbeitung großer Datenmengen haben.

Die Rückgewinnung der Schaltungsbeschreibung auf höhere Betrachtungsebenen ist Inhalt der Kapitel 5 und 6. Diese Thematik ist z.Zt. noch Gegenstand der Forschung und konnte deshalb nicht umfassend dargestellt werden. Die Kapitel wurden aber trotzdem im Buch belassen, um dem Leser Anregungen für zukünftige Entwicklungen zu geben und um den Trend der Entwicklung aufzuzeigen. Auch der Schaltungsvergleich, der zu einer vollständigen Schaltungsverifizierung gehört, wurde in Kapitel 7 nur angedeutet, da die hier verwendeten Verfahren aus dem Themenkreis der graphischen Datenverarbeitung herausfallen, die ansonsten den Schwerpunkt des Buches bildet.

An dieser Stelle danke ich Herrn Prof. Hartenstein, der durch zahlreiche Diskussionen und Anregungen zum Entstehen dieses Buches beigetragen hat. Mein Dank gilt auch Herrn Michael Weber, der die Zeichnungen trotz immer neuer Änderungswünsche meinerseits angefertigt hat, sowie meiner Frau Ragnhild für ihre Geduld bei der Durchsicht und Kritik des Manuskripts.

Kaiserslautern, im Frühjahr 1985   Wolfgang Nebel

Inhalt

Verwendete Symbole

Die im folgenden aufgeführten Symbole wurden im gesamten Buch einheitlich verwendet. Weitere Symbole werden nur an einzelnen Stellen des Textes benutzt und werden der Übersichtlichkeit halber dort erläutert.

A	Fläche
B	Breite
C	Kapazität
d	Abstand
Gnd	Massepotential
I	Strom
ID	Drainstrom
L	Länge
R	Widerstand
U, V	Spannung
UDD, VDD	Versorgungsspannung
UDS, VDS	Drain-Source-Spannung
UGS, VGS	Gate-Source-Spannung
Uth, Vth	Schwellspannung
W	Kanalbreite

Einführung

Mit dem Schlagwort "Mikroelektronik" werden gegenwärtig zwei Tendenzen umschrieben:

1. Enorme Fortschritte in der Technologie der Halbleiterfertigung

2. Steigende Marktanteile von kundenspezifischen Schaltungen

Die Verbesserungen in der Halbleitertechnologie erlauben ständig kleinere Strukturen auf integrierten Schaltungen. So verdoppelt sich die Integrationsdichte zur Zeit alle zwei Jahre. 1982 wurden Schaltungen mit bis zu ca. 450.000 Transistoren hergestellt. 1984 entstanden Labormuster mit 1.000.000 Transistoren. Die Strukturen dieser Schaltungen umfassen mehrere millionen Geometrieelemente. Derartige Datenmengen stellen hohe Anforderungen an den Entwerfer und dessen Hilfsmittel.

Vom Designer wird in erster Linie ein ausgeprägtes Organisationstalent erwartet, da sich Schaltungen dieser Größenordnung nur von Teams entwickeln lassen, die jeweils Teilprobleme lösen. Der Erfolg des Ganzen wird einzig durch eine wohlüberlegte Struktur der Gesamtschaltung und klare Schnittstellen der Teilschaltungen möglich. Von einer guten Entwurfsmethode (Kapitel 2) wird die Unterstützung dieser Entwurfshierarchie erwartet. Ein strukturiertes Entwurfskonzept allein garantiert aber immer noch keinen Erfolg. Ebenso wichtig sind geeignete Entwurfshilfsmittel. Der Begriff CAD-Hilfsmittel ist auch im VLSI-Bereich ein sehr weiter Begriff. Er reicht von einfachen Plot-Programmen zur optischen Kontrolle eines Schaltungsentwurfs über Design-Rule-Checker, Schaltkreisextraktoren, Chip-Planner und Simulatoren bis zu Silicon-Compilern. Das Ziel der Letztgenannten ist es, aus einer funktionalen Schaltungsbeschreibung ein Layout zu erzeugen. Diese Programme sind leider   noch nicht allgemein einsetzbar, da die erzeugten Layouts im Vergleich zum sogenannten Handlayout zuviel Platz benötigen.   Außerdem sind sie in der Regel auf bestimmte Arten von Schaltungen spezialisiert. Hieraus folgt, daß der größte Teil der heute und in absehbarer Zeit entwickelten Schaltungen manuell erstellt werden. Das Layout wird also interaktiv an Graphikbildschirmen erzeugt.

Wegen der großen Zahl von Geometrieelementen des Layouts besitzt der menschliche Designer nicht den Überblick über das gesamte Layout. Auch sind seine Fähigkeiten nicht gut ausgeprägt, in einer scheinbar ungeordneten großen Menge von Strukturen Fehler zu finden. Andererseits dürfen aus wirtschaftlichen Gründen nur Schaltungen in die Produktion gehen, die soweit wie möglich auf Fehlerfreiheit geprüft wurden. Eine Schaltung, die mit Entwurfsfehlern produziert wurde, ist nicht reparierbar und kostet somit neue Entwicklungszeit und Produktionskosten. Der Ausweg ist eine computergestützte Entwurfsüberprüfung. Hieraus resultiert die große Bedeutung der automatischen Entwurfskontrolle im VLSI-Bereich.

Anzumerken ist, daß aber auch CAD-Programme im VLSI-Entwurf an ihre Kapazitätsgrenze stoßen. Der Grund ist wiederum die große Datenmenge, die auch von Computern nur noch schwer handhabbar ist. Es folgt daraus die Notwendigkeit, auch im CAD neue Wege einzuschlagen. Die geschieht in letzter Zeit in Form von hierarchisch arbeitenden Hilfsmitteln.

Die zweite Tendenz in der Mikroelektronik, nämlich die Verbreitung der kundenspezifischen Schaltungen, verlangt ebenfalls leistungsfähige CAD-tools. Der Bereich von Kundenschaltungen reicht von Gate-Arrays über Standardzellen-Entwürfe bis hin zu Vollkundenschaltungen. Gate-Arrays stellen zur Zeit noch den größten Marktanteil, der sich jedoch wegen der größeren Flexibilität zu den Vollkundenschaltungen bewegen wird. Bei Kundenschaltungen spielen die verbesserten Möglichkeiten der Technologie eine untergeordnete Rolle. Wirtschaftlich wichtig ist hier eine kurze und damit preiswerte Entwurfszeit. Bei Stückzahlen von wenigen tausend Schaltungen bestimmen hier nämlich die Entwicklungskosten den Preis des Produkts.

Die Möglichkeit, überhaupt mit akzeptabelen Designkosten integrierte Schaltungen zu entwerfen, wurde 1970 geschaffen, als Carver Mead am California Institute of Technologie, Pasadena, (Caltech) erstmals einen Kurs zur Schaltungsentwicklung mit Studenten durchführte. Dieser Kurs revolutionierte die gesamte Entwicklung elektronischer Geräte. Carver Mead und später auch Carlos Sequin und Lynn Conway vereinfachten den Entwurfsprozeß nämlich soweit irgend möglich. Durch diese Vereinfachungen wird die Chipfläche allerdings nicht optimal ausgenutzt, weswegen die Lehrmethode anfänglich von Technologen und Entwerfern von Großserienschaltungen nicht akzeptiert wurde. Aber die Tatsache, daß Neulinge im Entwerfen, nämlich Studenten, innerhalb weniger Wochen funktionsfähige Schaltungen entwickeln konnten, sorgte für die Verbreitung der "Mead and Conway - Bewegung". Das 1980 erschienene Lehrbuch "Introduction to VLSI Systems" von Carver Mead und Lynn Conway /9/ war innerhalb kurzer Zeit weltweit ausverkauft.

Diese Vereinfachung des Entwurfs gibt kleinen und mittleren Unternehmen erstmals die Möglichkeit, in ihren Produkten kundenspezifische integrierte Schaltungen einzusetzen. Die Folge ist, daß die Geräte kompakter, betriebssicherer und oft auch preiswerter werden. Wirtschaftliche Voraussetzung zum Einsatz sind auch hier adequate CAD-Hilfsmittel, die einen schnellen und sicheren Entwurf ermöglichen.

1 NMOS Schaltungstechnik

1.1 Einführung

In der NMOS-Schaltungstechnik werden verschiedene Arten von Bauelementen verwendet:

1. selbstsperrende Transistoren
2. selbstleitende Transistoren
3. Verbindungen innerhalb einer Maskenebene
4. Verbindungen zwischen Maskenebenen
5. Kapazitäten

Das folgende Unterkapitel stellt diese Bauelemente vor. Sie werden auf Siliziumscheiben hergestellt und zu komplexen Schaltnetzen und Schaltwerken zusammengesetzt.

1.2 Transistoren

1.2.1 DER SELBSTSPERRENDE NMOS-TRANSISTOR

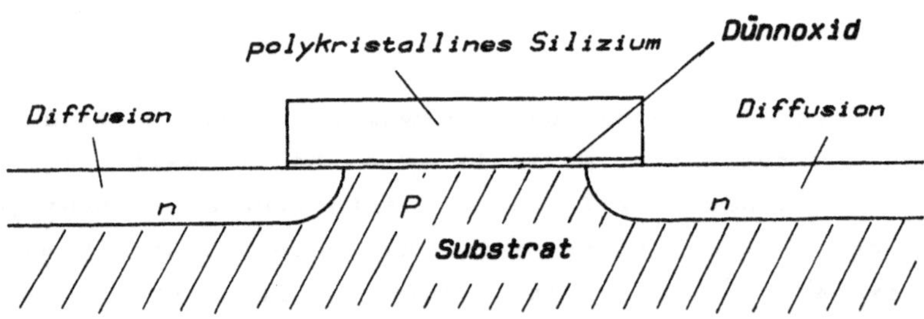

Bild 1.1 NMOS-Transistor (Schnittbild)

Betrachten wir zunächst das vereinfachte Schnittbild durch einen selbstsperrenden, enhancement mode, Transistor (Bild 1.1). Das p-dotierte Substrat ist mit der elektrischen Masse der Schaltung oder einer auf dem Chip erzeugten negativen

Spannung (BIAS) verbunden, wodurch die beiden n-Diffusionsgebiete durch jeweils einen pn-Übergang gegen das Substrat und damit gegeneinander isoliert sind. Das n-Diffusionsgebiet mit der niedrigeren angelegten Spannung (Bild 1.2) wird als Source, das mit der höheren Spannung als Drain bezeichnet. Die Bezeichnungen rühren daher, daß in leitenden Transistoren die Elektronen von der Source = Quelle zum Drain = Senke fließen. Das Gebiet aus polykristallinem Silizium wird als Gate bezeichnet. Das Gate ist durch eine dünne Schicht SiO2 (Dünnoxyd) elektrisch von Source, Drain und Substrat isoliert. Hierdurch wird als Nebeneffekt die Gatekapazität erzeugt. In der Digitaltechnik interessieren uns zwei verschiedene Zustände des Transistors, und zwar

    a) der Transistor leitet
    b) der Transistor leitet nicht.

Wenn das Gate des selbstsperrenden NMOS-Transistors gegenüber Source eine Spannung von weniger als Uth (Threshold Voltage = Schwellspannung) hat, also entladen ist, so sperrt der Transistor (Bild 1.2). Wird die Gate-Source-Spannung über Uth erhöht (Bild 1.3), d.h., das Gate positiv aufgeladen, werden freie Elektronen aus dem p-dotierten Substrat unter das Gate an die Oberfläche des Substrats zwischen Source und Drain influenziert. Diese Ladungsträger erzeugen dort einen n-leitenden Kanal, so daß bei angelegter Drain-Source-Spannung ein Drainstrom fließen kann. Die Abhängigkeit des Drain-Stroms, ID, von der Drain-Source-Spannung, UDS, und der Gate-Source-Spannung, UGS, wird im Kennlinienfeld (Bild 1.4) dargestellt.

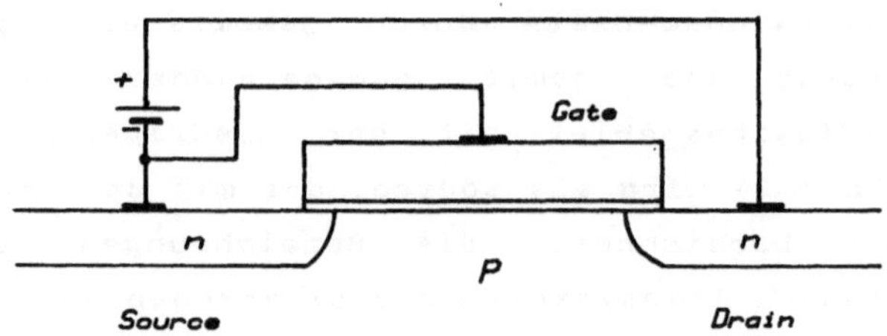

Bild 1.2 a)   Schnittbild

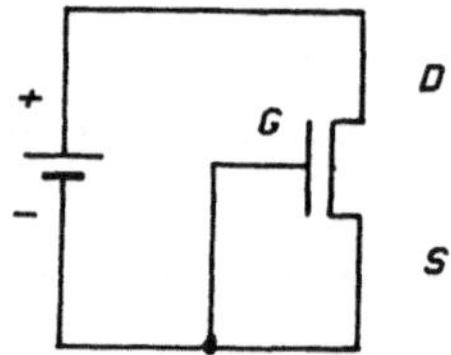

Bild 1.2 b)   Schaltsymbol

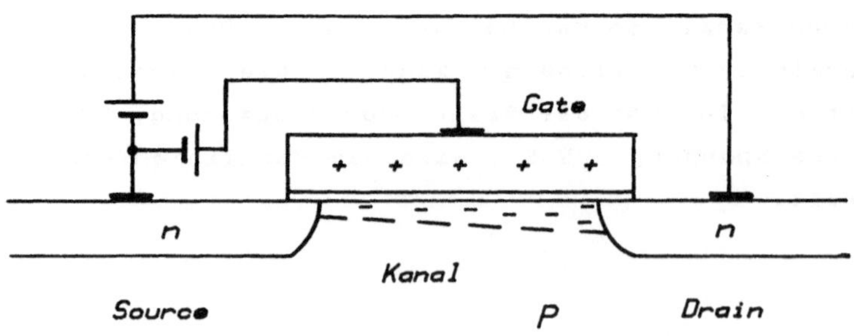

Bild 1.3   Beschaltung des leitenden NMOS-Transistors

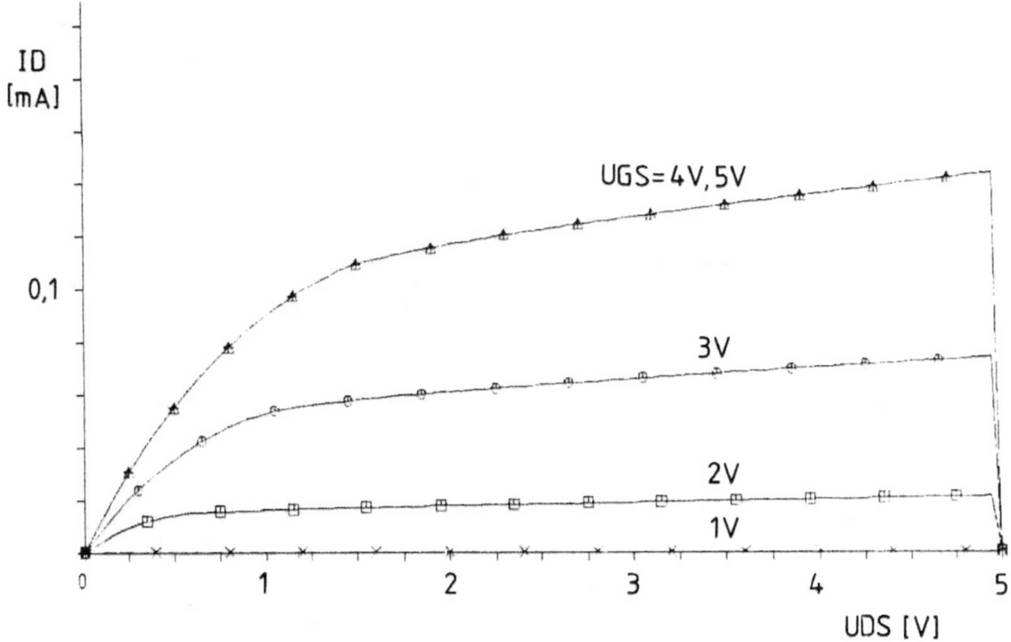

Bild 1.4   Kennlinienfeld eines selbstsperrenden NMOS-Transistors

1.2.2   DER SELBSTLEITENDE NMOS-TRANSISTOR

Das Schnittbild des selbstleitenden NMOS-Transistors (Bild
1.5) unterscheidet sich vom Schnittbild des selbstsperrenden
Transistors (Bild 1.1) durch das zusätzlich vorhandene
Ionenimplantationsgebiet. Diese Schicht positiver Ionen hat
die gleiche Wirkung wie ein positiv geladenes Gate, d.h.,
Elektronen werden in den Kanal influenziert, und der Transistor
wird leitend. Die Ionen tragen selbst nicht zum
Ladungstransport bei.

Das Gate des selbstleitenden Transistors wird im
Schaltsymbol durch einen breiten Strich dargestellt (Bild 1.6).
Dem Kennlinienfeld (Bild 1.7) kann man entnehmen, daß der

Transistor erst bei negativer Gate-Source-Spannung sperrt.

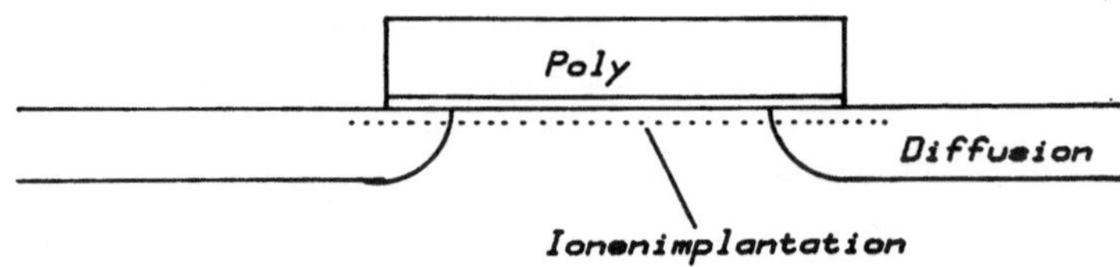

Bild 1.5   Schnittbild selbstleitender NMOS-Transistor

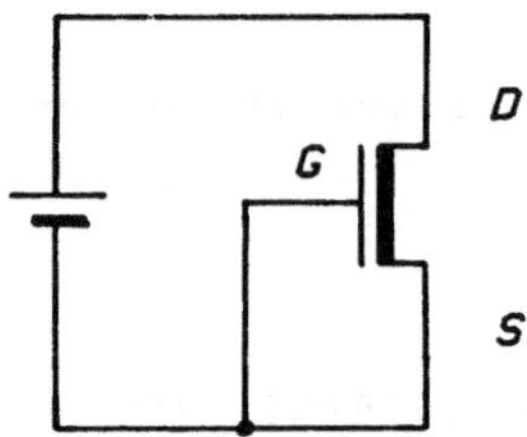

Bild 1.6   Schaltsymbol

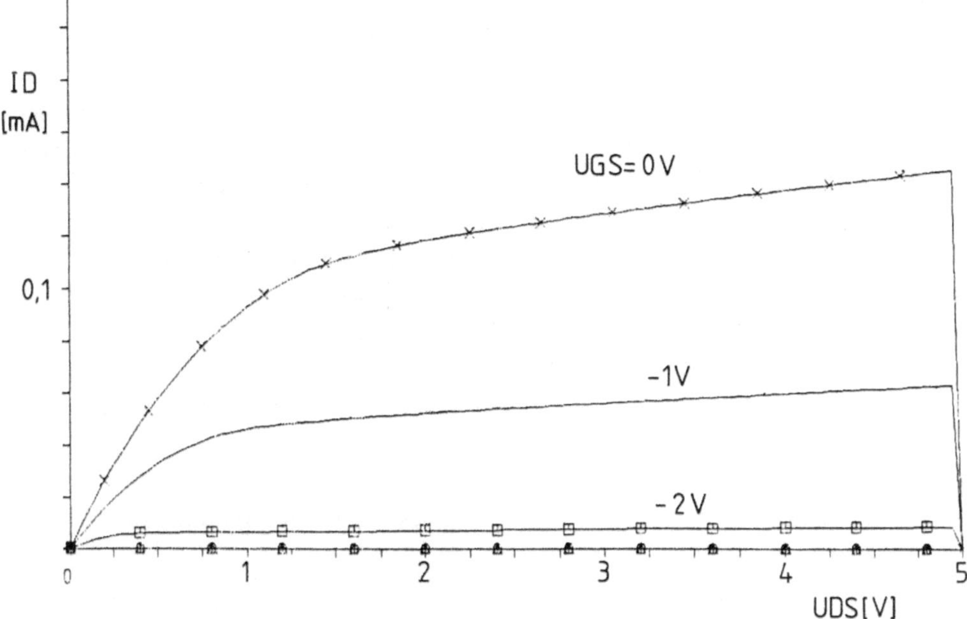

Bild 1.7   Kennlinienfeld eines selbstleitenden NMOS-Transistors

1.2.3   TECHNOLOGIE

Im folgenden Unterkapitel werden die wichtigsten Technologieschritte der Herstellung von MOS-Transistoren und deren Verbindung untereinander dargestellt. Obwohl der Entwerfer einer Schaltung in der Regel keinen Einfluß auf die Parameter und die Folge der einzelnen Prozeßschritte hat und bei der vorgestellten Entwurfsmethode auch nicht benötigt, fühlt sich der Designer dennoch sicherer, wenn er eine Vorstellung von einigen grundlegenden Techniken der Herstellung von integrierten Schaltungen hat.

Auf einer Scheibe einkristallinen Siliziums (Wafer) werden gleichzeitig viele hundert integrierte Schaltung mit jeweils vielen tausenden bis hunderttausenden Transistoren hergestellt. Durch Diffusion bzw. Implantation von Fremdatomen werden klar definierte Gebiete n- bzw. p-dotiert, d.h., es werden Störstellen in das Kristallgitter eingebaut. Im einzelnen werden im NMOS-Prozeß folgende Materialien benötigt:

n-Diffusionsgebiet, auch n+ Diffusion, kurz Diffusion	für Drain und Source von Transistoren und für Verbindungen
Dünnoxyd (SiO2)	zur Isolation zwischen Kanal und Gate
polykristallines Silizium, kurz Poly	für Gates und Verbindungen
Ionenimplantationsgebiet, kurz Implant	für selbstleitende Transistoren
Metall	für Verbindungsleitungen
Kontaktlöcher, kurz Cut	für Verbindungen zwischen verschiedenen Materialien
Dickoxyd (SiO2)	zur Isolation zwischen Diffusion und Metall bzw. polykristallinem Silizium und Metall

Die Herstellung der verschiedenen Gebiete erfolgt durch eine genau festgelegte Reihenfolge von Photolack- und anderen Technologieprozessen (Diffusion, Oxydation, Implantation, Aufdampfen, Ätzen, etc.). Der Photolackprozeß gestattet es, definierte Teile der oxidierten Siliziumoberfläche· mit einem säurebeständigen Lack zu versehen. Zunächst wird eine dünne

Schicht des lichtempfindlichen Photolacks auf die Oberfläche
aufgebracht (Bild 1.8).

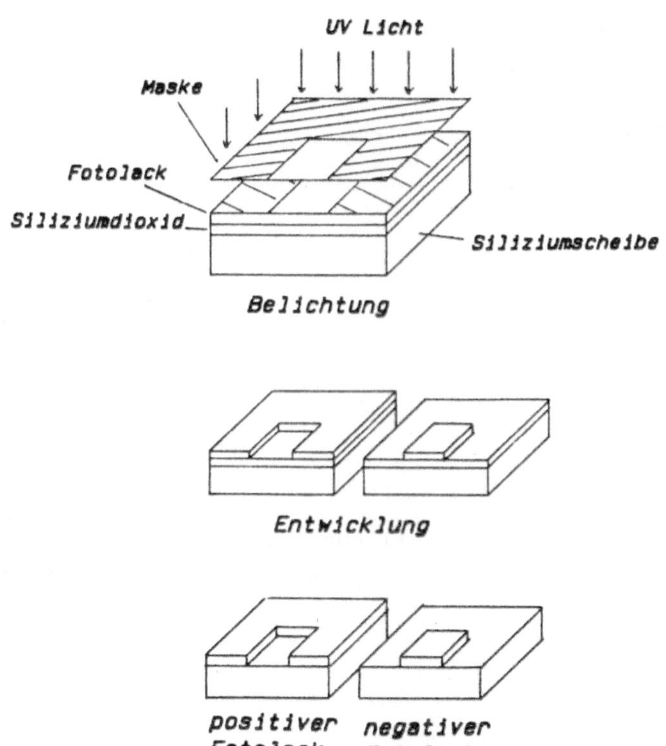

Bild 1.8   Fotolithografie

Die Scheibe wird anschließend durch eine Maske belichtet,
so daß definierte Teile der Oberfläche dem Licht ausgesetzt
sind, andere hingegen nicht. Bei der Entwicklung des
Photolacks   werden   entweder   die   belichteten   Teile   (
Negativ-Technik) oder die unbelichteten (Positiv-Technik)
des Lacks herausgewaschen. Bei der Positiv-Technik, die wir im

weiteren betrachten wollen, wird also das Siliziumdioxyd an den unbelichteten Stellen des Substrats freigelegt und kann z.B. bis auf das Substrat weggeätzt werden, so daß hier eine spätere Diffusion möglich ist. Nach dem Ätzprozeß wird der belichtete Photolack ebenfalls entfernt. Für die Photolackprozesse werden folgende Masken benötigt:

Diffusionsmaske

Implantationsmaske

Poly-Maske

Cut-Maske

Metall-Maske

Der Herstellungsprozeß soll nun beispielhaft anhand eines selbstleitenden NMOS-Transistors dargestellt werden (Bild 1.9):

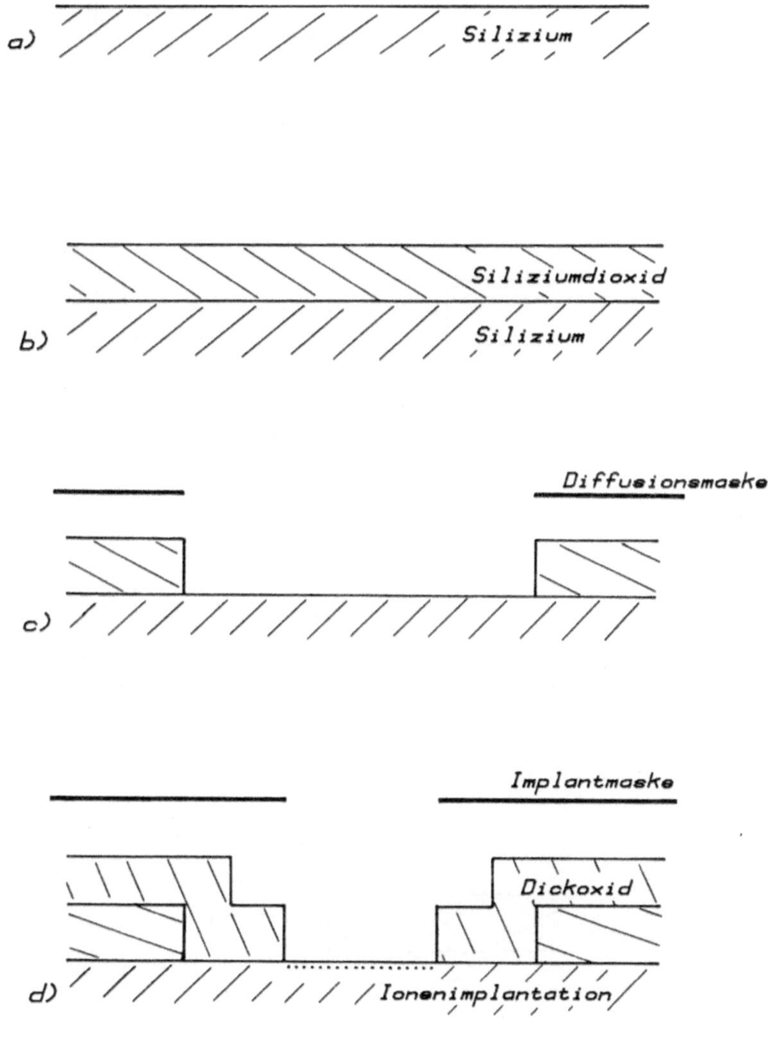

Bild 1.9 a)-e)   Technologieschritte

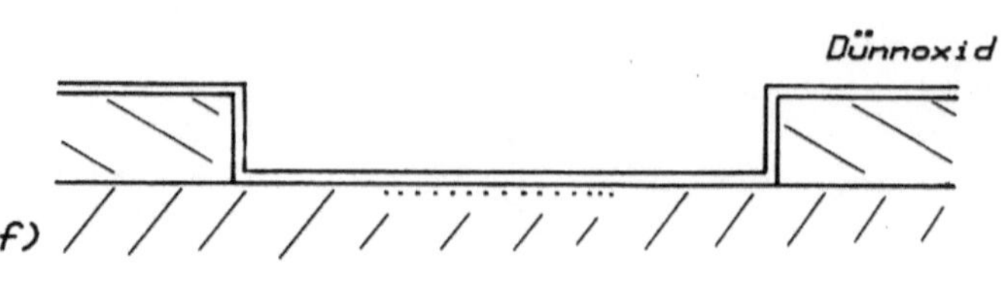
Dünnoxid
f)

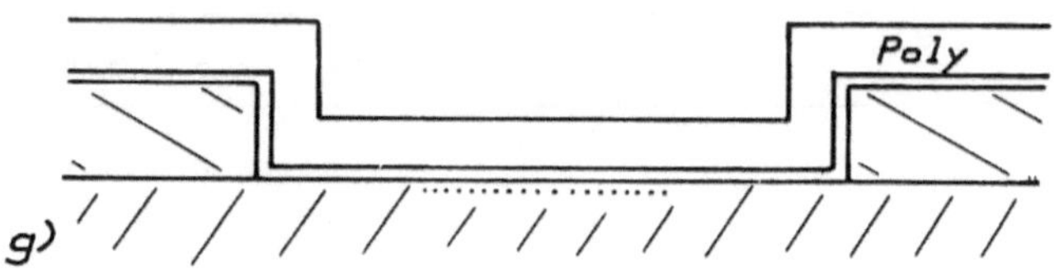
Poly
g)

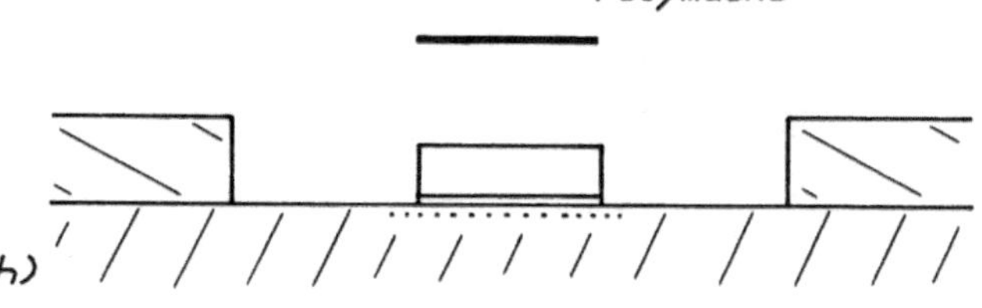
Polymaske
h)

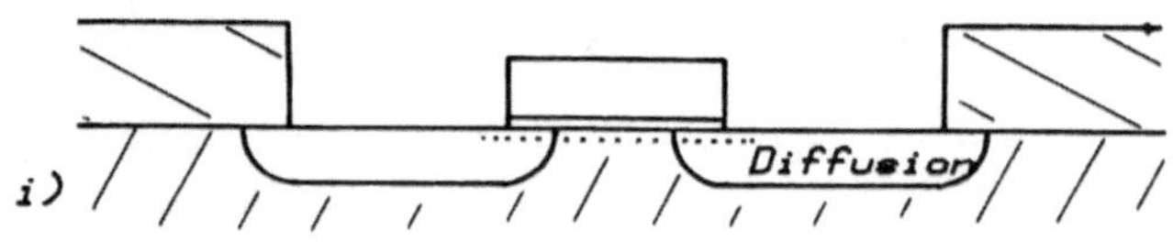
Diffusion
i)

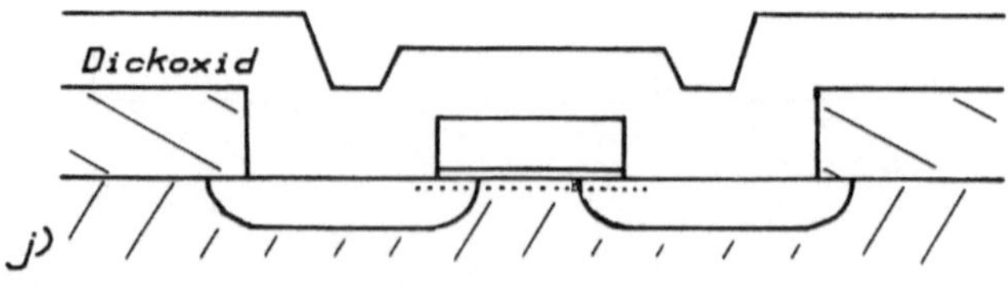
Dickoxid
j)

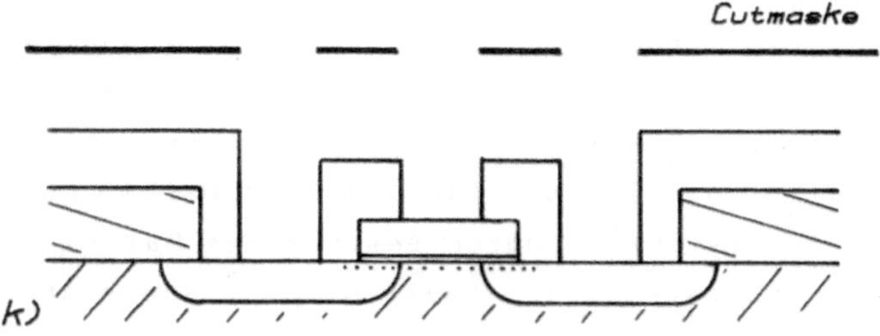

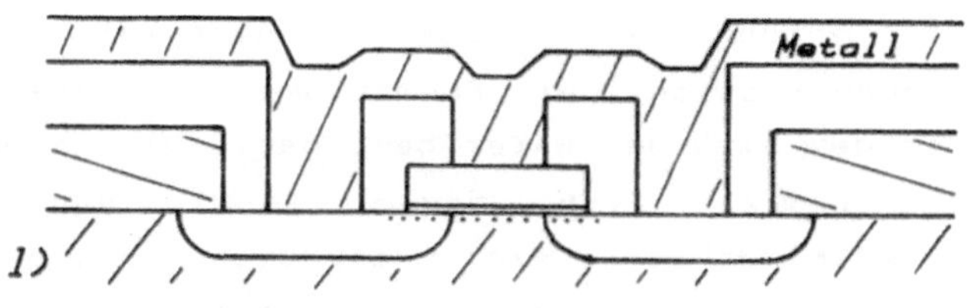

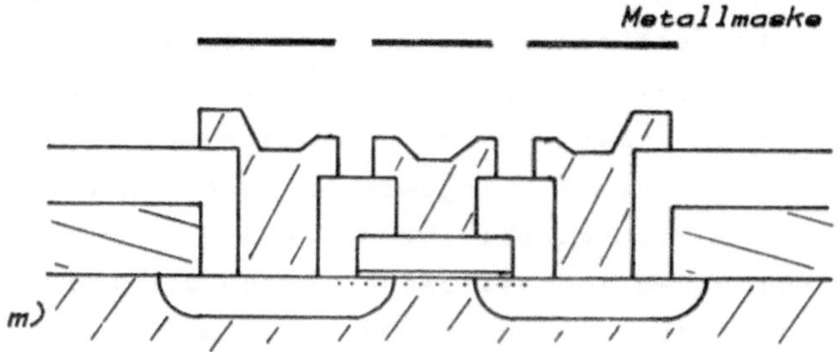

Bild 1.9 k)-m) Technologieschritte

Auf der Siliziumscheibe wächst durch Oxydation Siliziumdioxyd (Dickoxyd) auf. Die Diffusionsmaske definiert die Flächen, die später entweder Diffusionsgebiet oder Kanal eines Transistors werden sollen. Diese Flächen werden vom Dickoxyd befreit. Danach wird eine zweite Oberflächenschutzschicht (z.B. Oxyd) auf die Gesamtfläche aufgebracht und an den durch die Implant-Maske definierten Stellen wieder entfernt. Durch Beschuß des Wafers mit Ionen werden an den ungeschützten Stellen des Substrats Ionen eingepflanzt. Nach Entfernung der Schutzschicht wird die Gesamtfläche des Substrats mit Poly überzogen, und nach einem Photolitographischen Prozeß werden die nicht in der Polymaske enthaltenen Flächen wieder freigeätzt. Hierbei wird auch das über den zukünftigen Diffusionsgebieten liegende Dünnoxyd entfernt, damit bei der anschließenden n-Diffusion die Fremdatome in das Substrat eindringen können. Der Diffusionsprozeß beruht auf einem Konzentrationsgefälle zwischen der Konzentration der Fremdatome im Wafer und im Diffusionsgas, in dem sich der Wafer befindet. Die Fremdatome dringen also radial von jedem Punkt der freien Substratoberfläche in den Wafer ein. Hierdurch entsteht eine sogenannte Unterdiffusion. Nach der Diffusion ist der eigentliche Transistor vollständig, jedoch fehlen noch Cuts, die durch einen zweiten Oxydations- und Photolitographie-Prozeß erzeugt werden. Die Metallverbindungen werden durch Bedampfen des Wafers mit Aluminium und anschließendem Entfernen der nicht in der Metallmaske enthaltenen Flächen hergestellt. Bei üblichen Fertigungsprozessen wird das Chip zum Schutz gegen Umwelteinflüsse noch mit einer Glasschicht passiviert (Overglas). Es sei darauf hingewiesen, daß die vorliegende Beschreibung der NMOS-Technologie nur das Prinzip des Prozesses aufzeigt. In realen Fertigungsstraßen werden die Masken unter Umständen leicht modifiziert angewendet und auch zusätzliche Masken verwendet, die jedoch aus den oben aufgeführten Masken automatisch zu gewinnen sind.

1.3 Verbindungstechnik

Bisher wurde die Funktionsweise und der Herstellungsprozeß von Einzeltransistoren in NMOS-Technologie erläutert. Um funktionsfähige Digitalschaltungen zu erzeugen, müssen die Einzeltransistoren zu Gattern, Registern, etc. verbunden werden. Diese Verbindungstechnik ist Inhalt der nächsten beiden Unterkapitel.

1.3.1 VERBINDUNGEN INNERHALB EINER EBENE

Verbindungen können, mit jeweils unterschiedlichen elektrischen Eigenschaften, in der Diffusionsebene, der Poly-Ebene und der Metallebene hergestellt werden. Die in Tabelle 1.1 angegebenen Werte hängen von der Technologie des Halbleiterherstellers ab und sind nur als Beispielswerte zu interpretieren.

Leitungsebene	Widerstandsbelag Ohm / Quadrat	Kapazitätsbelag fF / Mikrometer-Quadrat
Metall	0,03	0,03
Diffusion	10	0,1
Poly	40	0,04
		1 fF = 10 E-15 F

Tab. 1.1 Elektrische Materialeigenschaften

Da es sich bei den Verbindungsleitungen um flache Strukturen konstanter Dicke handelt, ist der Widerstand einer Leitung in erster Näherung nur von der Geometrie der entsprechenden Maskenfläche abhängig. Die in Tabelle 1.1 angegebenen Werte des Flächenwiderstands geben den Widerstand an, den eine quadratische Leitung mit beliebiger absoluter Abmessung hat. Die Widerstände rechteckiger Leitungen ergeben sich durch Multiplikation des Flächenwiderstands mit dem Länge/Breite - Verhältnis der Leitung. Beliebige Formen von Leitungen lassen sich überschlagsmäßig durch Zerlegen der Leitung in Rechtecke und anschließend geeignete Reihen- bzw. Parallelschaltungen der Widerstände berechnen (Beispiel Bild 1.10).

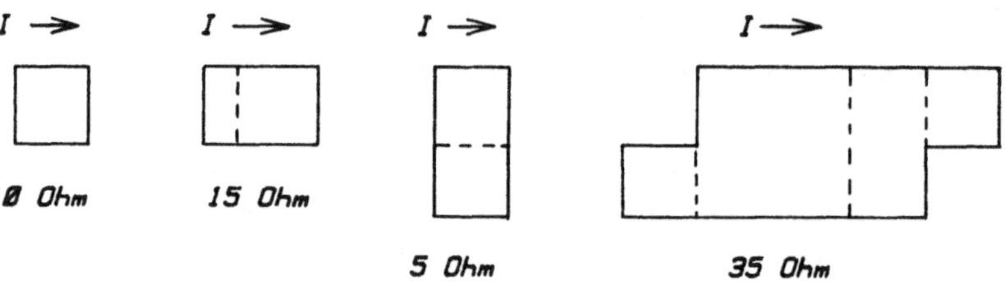

Bild 1.10   Beispiel Widerstandsberechnung (Diffusionsebene)

Die Leitungen auf den verschiedenen Ebenen bilden Kapazitäten zwischen der Leitungsbahn und dem Substrat bzw. auch anderen Leitungen. Die Flächen der Leitungen sind vereinfacht als Plattenkondensatoren zu interpretieren. Trotz der kleinen Plattenfläche sind die Kapazitäten aufgrund des geringen Plattenabstandes von Bedeutung. Wir wollen uns hier auf Kapazitäten gegenüber dem Substrat beschränken. Diese Kapazitäten beeinflussen das dynamische Verhalten der Schaltung, da sie zusammen mit Widerständen (Leitungs- widerstand, Widerstände der Transistorkanäle) Tiefpässe bilden, die die Betriebsfrequenz der Schaltung begrenzen. Die Leitungsfläche bildet die eine Elektrode der Kapazität, das Substrat die andere. Hieraus folgt - wenn man die Kapazität des Randes der Leitungsfläche vernachlässigt - daß die Kapazität direkt proportional zur Leitungsfläche ist. Sie läßt sich durch Multiplikation des Kapazitätsbelags der entsprechenden Leitungsebene (Tab. 1.1) mit der Fläche der Leitung berechnen.

Wie aus Tabelle 1.1 hervorgeht, eignen sich die verschiedenen Ebenen aufgrund ihrer unterschiedlichen elektrischen Eigenschaften für Leitungen verschiedenen Typs. Für Leitungen mit starker Belastung und/oder größerer Länge sind Metalleitungen zu bevorzugen (Versorgungsleitung, Takt, lange Signalleitung), und für kurze Leitungen, die benachbarte Elemente direkt verbinden , eignen sich alle Ebenen.

Werden metallische Leiter mit hohen Strömen beaufschlagt, läßt sich das Phänomen der Metallwanderung (Metallmigration) beobachten. Wegen der geringen Dicke der metallischen Leiterbahnen auf integrierten Schaltungen von ca. 1 Mikrometer, muß sich der Entwerfer bei stark statisch beanspruchten Leitungen vergewissern, daß die Stromdichte unter der kritischen Grenze von etwa 1 mA/Mikrometer-Quadrat liegt.

1.3.2 VERBINDUNGEN ZWISCHEN EBENEN

Aus elektrischen Gründen ist es oft nötig, eine Verbindung zwischen verschiedenen Leitungsebenen zu schaffen. Man unterscheidet hierbei Verbindungen zwischen der Metallebene und der Poly- oder Diffusionsebene und Verbindungen der Polyebene mit der Diffusionsebene.

Die Verbindung der Metallebene mit anderen Ebenen erfolgt mittels des Cuts. Ein Cut (Bild 1.11 a) ist ein Loch in der Dickoxydschicht zwischen Metall- und Diffusionsebene bzw. zwischen Metall- und Polyebene. In diesem Loch wird das Metall direkt auf die Poly- bzw. Diffusionsschicht aufgedampft und somit eine Verbindung zwischen der Metallebene und der darunter liegeneden Ebene hergestellt. Der Strom fließt durch die sehr dünnen Wände des Cuts. Hier besteht die Gefahr der Metallmigration (Abschn. 1.3.1), und es sind bei hoher Stromdichte mehrere Cuts parallel vorzusehen. Der Cut ist immer dann anzuwenden, wenn die Kreuzung zweier Metallbahnen verhindert werden muß, indem ein Signal kurzzeitig auf einer anderen Leitungsebene geführt wird. Eine andere Anwendung des

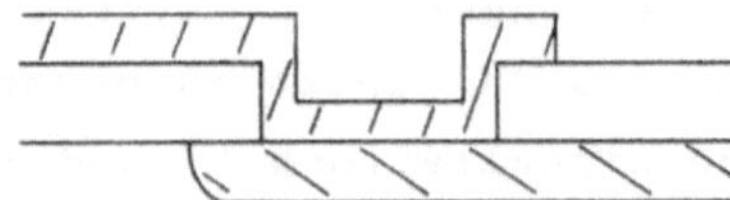

a)   Cut

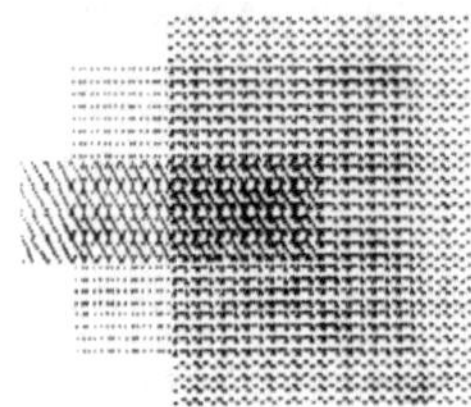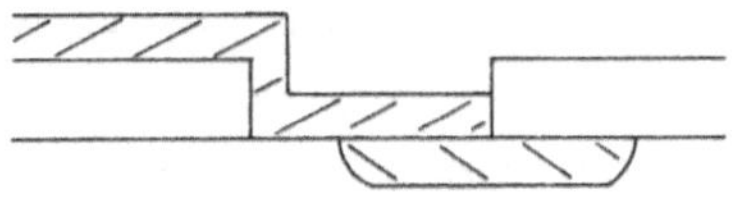

b)   Buried Contact

c)   Butting Contact

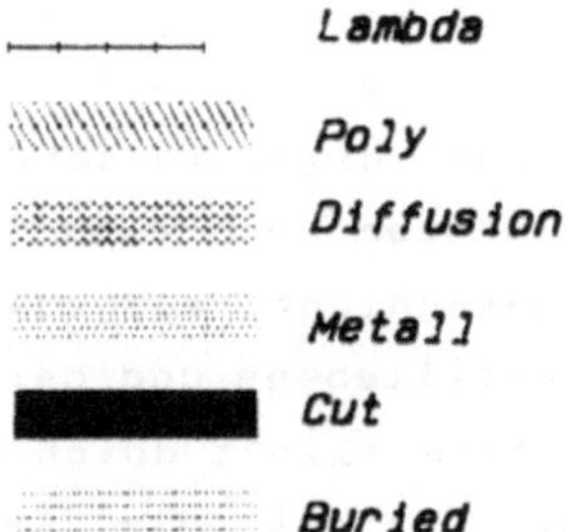

Bild 1.11   Verbindungen zwischen Ebenen

Cuts ist die direkte Verbindung des Substrats mit einer Metalleitung, um eine Substrat-Vorspannung oder Substrat-Erdung zu bewirken.

Es gibt zwei Möglichkeiten der direkten Verbindung von Poly- mit Diffusionsgebieten:

    a) Buried Contact
    b) Butting Contact

Der Buried Contact (Bild 1.11 b) benutzt eine zusätzliche Masken-Ebene, die ein Gebiet zwischen der Diffusions- und der Polyebene definiert, welches vom Dickoxyd befreit wird. In diesem Gebiet wird das Poly somit direkt auf die Diffusionsebene aufgebracht. Während des Diffusionsprozesses werden die Ionen an dieser Stelle durch das Poly ins Substrat diffundiert, so daß ein elektrischer Kontakt hergestellt wird.

Der Butting Contact benötigt für die gleiche Aufgabe keine zusätzliche Maskenebene, wird jedoch wegen der Kurzschlußgefahr mit dem Substrat von einigen Herstellern nicht verarbeitet. Beim Butting Contact erfolgt die elektrische Verbindung zwischen Poly und Diffusion über eine Metallbrücke (Bild 1.11 c). Wenn der Prozeß nur eine geringe oder gar keine Unterdiffusion aufweist, so besteht zwischen dem Diffusion- und dem Polygebiet eine direkte Verbindung des Metalls mit dem Substrat.

1.4 EINFACHE NMOS-SCHALTUNGEN

Im folgenden werden exemplarisch einige wichtige NMOS-Grundschaltungen vorgestellt. Die Kenntnis dieser Grundschaltungen versetzt den Entwerfer in die Lage, komplexe Schaltungen zu entwerfen und zu analysieren.

1.4.1 DER INVERTER

Die einfachste Grundschaltung in NMOS-Technlogie ist der Inverter. Bild 1.12 zeigt das Transistorschaltbild des Inverters.

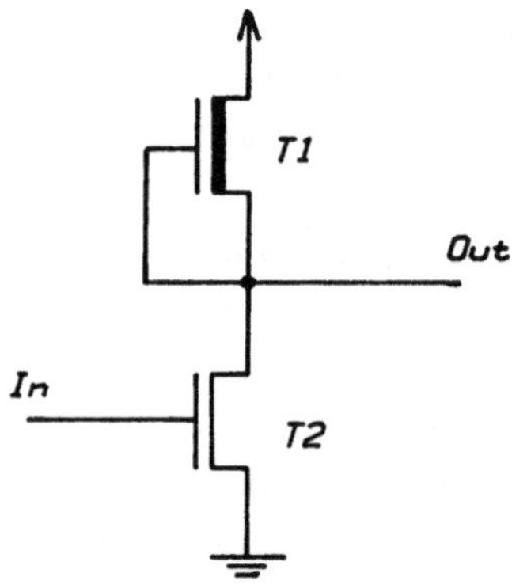

Bild 1.12 Transistorschaltung eines Inverters

Wenn am Gate von T2 eine Spannung niedriger als die Schwellspannung anliegt, also eine logische Null, so sperrt T2. Der selbstleitende Transistor T1 bildet einen Widerstand, der den Ausgang mit der Versorgungsspannung verbindet, d.h., am Ausgang liegt im unbelasteten Fall eine Spannung gleich der Versorgungsspannung an. Der Grund für die Verwendung von Transistoren als Widerstände liegt in dem geringeren

Platzbedarf im Vergleich zu Widerständen aus Poly-Leitungen.
Wird die Eingangsspannung des Inverters erhöht, so beginnt T2
zu leiten, und die Ausgangsspannung sinkt auf den Bruchteil der
Versorgungsspannung entsprechend dem Widerstandsverhältnis von
T2/(T1+T2) (Bild 1.13).

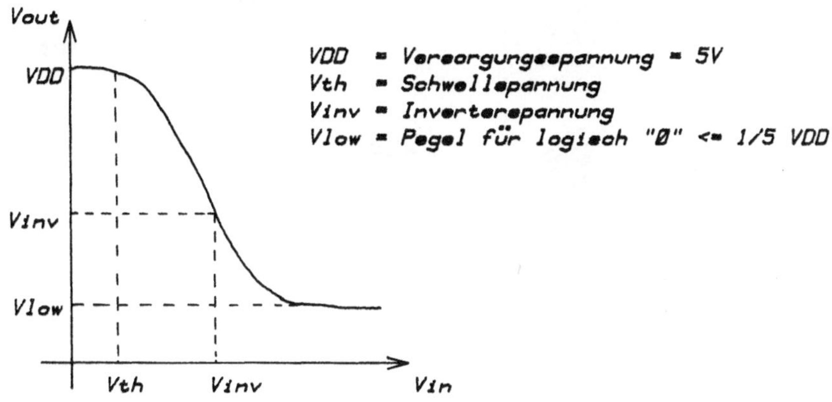

Bild 1.13   Kennlinie eines Inverters

Um einen hinreichenden Spannungsunterschied zwischen low-
und high-Pegel zu erreichen, muß die Ausgangsspannung für
logisch Null möglichst klein sein. Sie sollte 1/5 der
Versorgungsspannung nicht übersteigen. Um dies zu
gewährleisten, muß das Verhältnis der Widerstände des
selbstleitenden Transistors T1 und des durch eine
Gate-Source-Spannung von 5V leitenden Transistors T2 mindestens
4:1 sein. In diesem Fall erreicht der Ausgang nach der
Spannungsteilerregel bei einer Versorgungsspannung von 5 V eine
minimale Spannung von 1V. Dieses Widerstandsverhältnis wird
durch das Länge/Breite-Verhältnis der Transistorkanäle im
Layout der Schaltung definiert (Bild 1.14).

Der Flächenwiderstand des selbstleitenden Transistorkanals
bei Gate-Source-Spannung = 0V und der Flächenwiderstand des
selbstleitenden Transistorkanals bei Gate-Source-Spannung = 5V

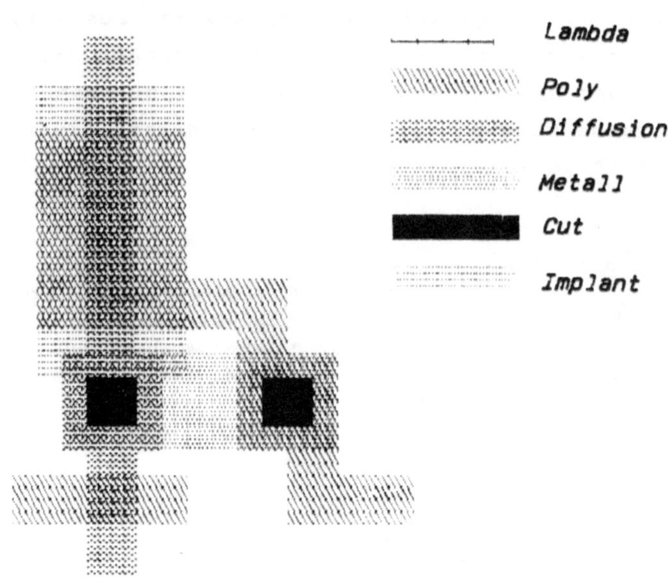

Bild 1.14   Layout eines Inverters

sei bei einem bestimmten Prozeß jeweils 10 kOhm/Quadrat. Hieraus folgt, daß der Widerstand von T1 bzw. T2 nach Gleichung 1.1 berechnet wird.

$$R = L/B \quad * \quad 10 \text{ kOhm}$$

L = Kanallänge

B = Kanalbreite   (Gl. 1.1)

Wegen seiner Funktion wird T1 als pull-up-Transistor bezeichnet, T2 als pull-down-Transistor. Entsprechend spricht man auch vom pull-up-Widerstand und pull-down-Widerstand. Im Beispiel nach Bild 1.14 ist der pull-down-Widerstand 10 kOhm und der pull-up-Widerstand 40 kOhm, so daß das vorgeschriebene

Widerstandsverhältnis (Inverterverhältnis) gewahrt ist.

1.4.2 DAS NAND-GATTER

Die gewonnenen Erkenntnisse über den Inverter lassen sich ohne Schwierigkeiten auf das NAND-Gatter erweitern. Beim Inverter wurde der Ausgang dann logisch Null, wenn der Eingang logisch Eins wurde. Das NAND-Gatter besitzt mindestens zwei Eingänge, die nach der Wahrheitstabelle beide Eins sein müssen, wenn der Ausgang Null werden soll. In allen anderen Fällen muß der Ausgangspegel Eins sein. Ersetzt man den pull-down-Transistor T2 des Inverters (Bild 1.12) durch die Reihenschaltung zweier Transistoren (Bild 1.15), so erfüllt diese Schaltung die Funktion eines NAND-Gatters.

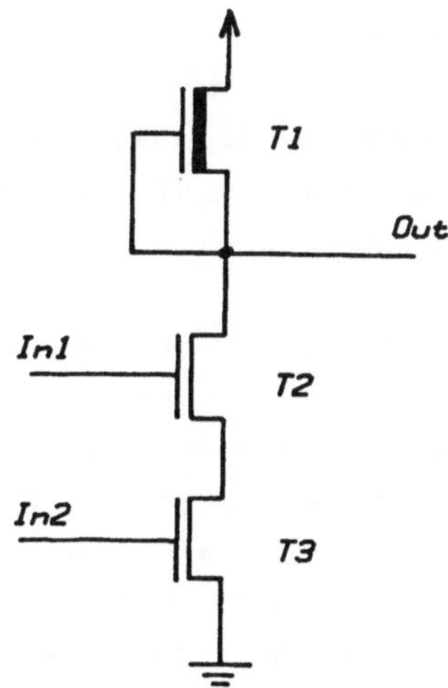

Bild 1.15 Transistorschaltung eines NAND-Gatters

Wenn IN1 und IN2 auf high-Potential liegen, dann leiten T1 und T2, und der Ausgangsknoten erhält ein Potential nach Gleichung 1.2.

$$U(out) = (R(T2)+R(T3))/(R(T1)+R(T2)+R(T3)) * UDD$$

(Gl.   1.2)

Soll auch hier die Bedingung gelten, daß der low-Pegel des Ausgangs <=1/5 der Versorgungsspannung sein soll, so muß der pull-up-Widerstand achtmal so groß sein wie der Widerstand eines der pull-down-Transistoren.

Wenn mindestens ein pull-down-Transistor des NAND-Gatters durch ein angelegtes low-Potential sperrt, so liegt der Ausgang auf high-Potential.

1.4.3   DAS NOR-GATTER

Eine weitere NMOS-Grundschaltung ist das NOR-Gatter, bei dem die Reihenschaltung von T2 und T3 aus Bild 1.15 durch eine Parallel-Schaltung ersetzt wird (Bild 1.16).

Man erkennt sofort, daß der Ausgang der Schaltung immer dann low wird, wenn mindestens einer der Eingänge auf high-Potential liegt, d.h., wenn mindestens einer der pull-down-Transistoren leitet. Bezüglich des Widerstands-verhältnisses ändert sich hier nichts gegenüber dem Inverter, da die Ausgangsspannung bereits bei einem leitenden pull-down-Transistor hinreichend niedrig sein muß.

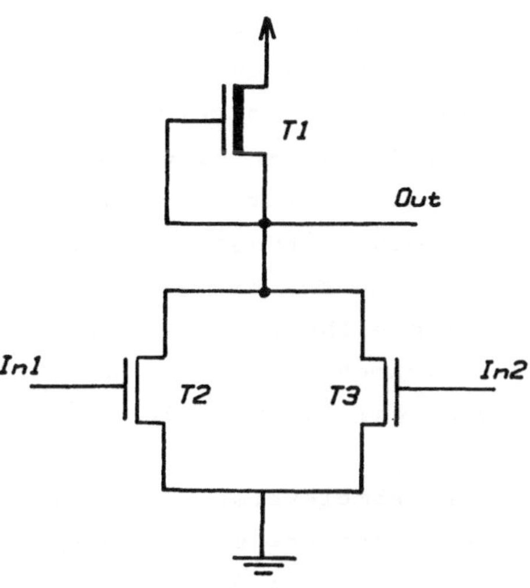

Bild 1.16   Transistorschaltung eines NOR-Gatters

1.4.4   ALLGEMEINE EINSTUFIGE NMOS-SCHALTUNGEN

Neben den vorgestellten Grundschaltungen lassen sich auch kompliziertere logische Funktionen durch einstufige NMOS-Schaltungen realisieren. Von einstufigen Schaltungen spricht man immer dann, wenn in der Schaltung nur ein pull-up-Transistor vorhanden ist.

Aus den Beispielen NOR, NAND und Inverter wird bereits deutlich, daß der Ausgang einer NMOS-Schaltung immer die logische Negation aller elektrischen Pfade vom Ausgang zur Masse der Schaltung darstellt. Ein Pfad ist hierbei eine elektrisch leitende Verbindung. Treten in diesem Pfad Transistoren auf, so ist er nur leitend, wenn alle diese Transistoren leiten. Beim NAND (Bild 1.15) existiert nur ein Pfad, der leitet, wenn die Transistoren T2 und T3 leiten.

Allgemein läßt sich formulieren, daß eine logische Funktion immer dann durch eine einstufige NMOS-Schaltung realisierbar ist, wenn sie sich in die Negation einer beliebigen Kombination von nichtnegierten Summen- und Produkttermen umformen läßt, deren Eingänge in der geforderten Form (negiert / nichtnegiert) zur Verfügung stehen. Hierdurch wird deutlich, daß das Minimierungsziel bei NMOS-Schaltungen deutlich von der Minimierung des klassischen Schaltnetzentwurfs abweicht. Es ist nämlich nicht länger sinnvoll, die Anzahl der Gatter zu verringern, vielmehr ist es notwendig, die Anzahl der Negationen so klein wie möglich zu halten.

Ein Beispiel einer komplexeren Funktion, die einstufig realisiert wurde, zeigt die Transistorschaltung in Bild 1.17, die die Funktion nach Gleichung 1.3 realisiert.

$$\overline{X = A * (B*C + D + (E+F) * G + H)} \qquad (Gl. 1.3)$$

Bei diesen komplizierten pull-down-Netzwerken berechnet sich der Widerstand des pull-up-Transistors zu dem vierfachen der Summe aller Widerstände des längsten Pfades im pull-down-Netzwerk.

1.4.5   DER PASS-TRANSISTOR

Die bisher vorgestellten Grundschaltungen lassen sich mit den Methoden der klassischen Schaltnetztheorie beschreiben. Die NMOS-Technik bietet jedoch noch ein weiteres leistungsfähiges Schaltelement, den pass-Transistor. Der pass-Transistor gestattet es, Datenpfade zu öffnen oder zu schließen. Bild 1.18 zeigt die Anwendung als Multiplexer.

Wenn der Select-Eingang ein high-Potential besitzt, so leitet T1 während T2 sperrt und das Signal IN1 an den Ausgang Out gelangt. Bei Select = 0 leitet T2, und T1 sperrt. Auch

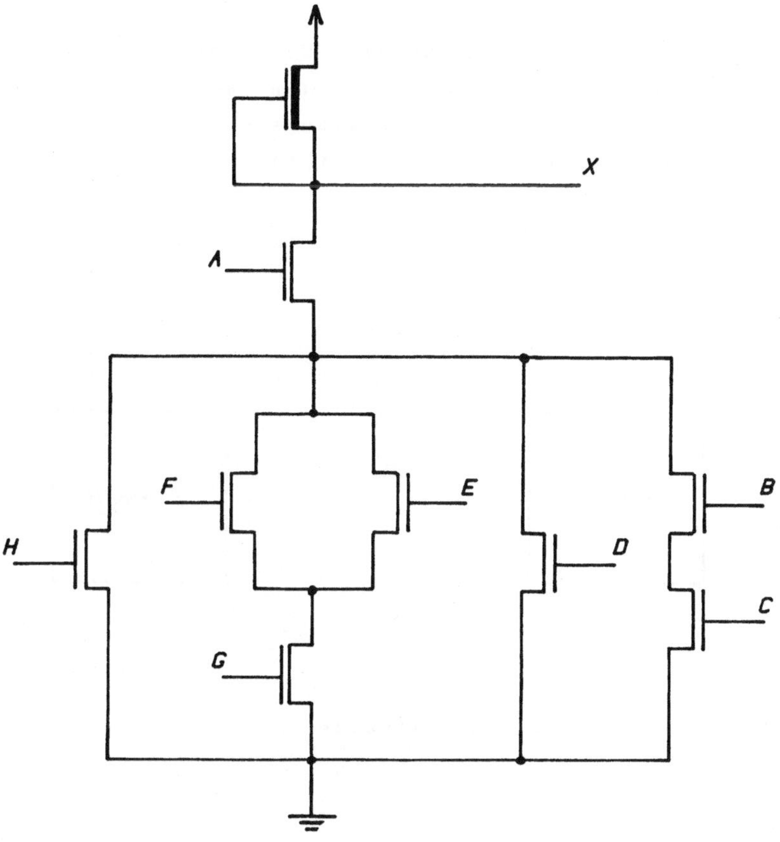

Bild 1.17   Transistorschaltungsbeispiel

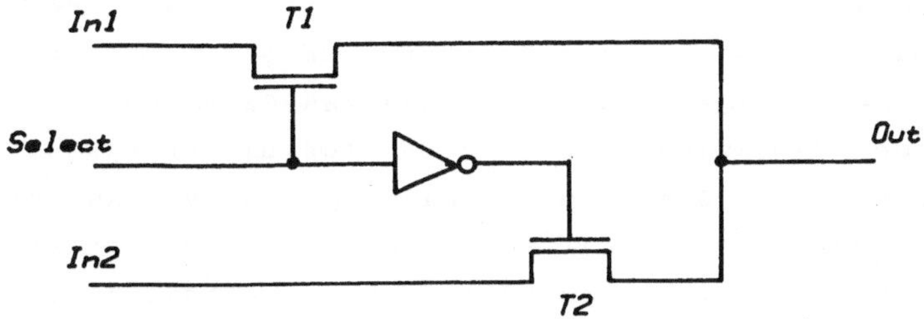

Bild 1.18   Multiplexer

bei synchronen Schaltungen spielt der pass-Transistor eine große Rolle. Hier wird sein Gate mit dem Takt verbunden, und der pass-Transistor läßt Signaländerungen nur bei der steigenden Flanke des Takts zu (Bild 1.19).

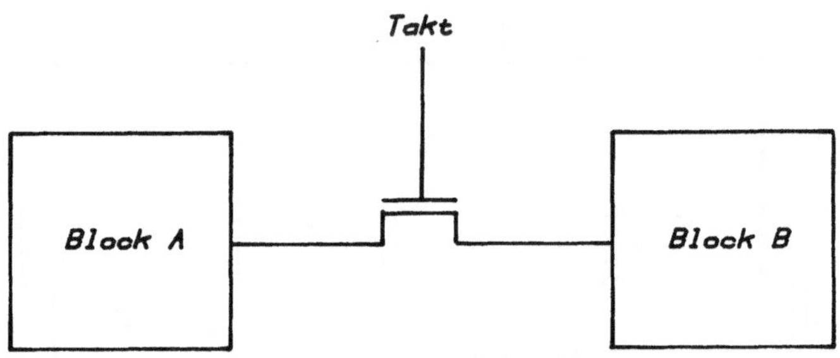

Bild 1.19   Synchronisierte Schaltnetze

Beim Einsatz des pass-Transistors (z.B. nach Bild 1.20) ist zu beachten, daß die maximale Spannung am Gate von T5 um die Schwellspannung von T3 niedriger als die Versorgungsspannung ist. Dies liegt daran, daß T3 sperrt, sobald seine Gate-Source-Spannung unter die Schwellspannung sinkt. Als Folge dieser verringerten Gate-Source-Spannung von T5 ist der Kanalwiderstand von T5 etwa um den Faktor 2 größer als bei normaler Gate-Source-Spannung von 5V. Aus diesem Grund muß auch der Kanal von T4 um den Faktor 2 verlängert werden, um ein korrektes pull-up- zu pull-down-Verhältnis zu erhalten.

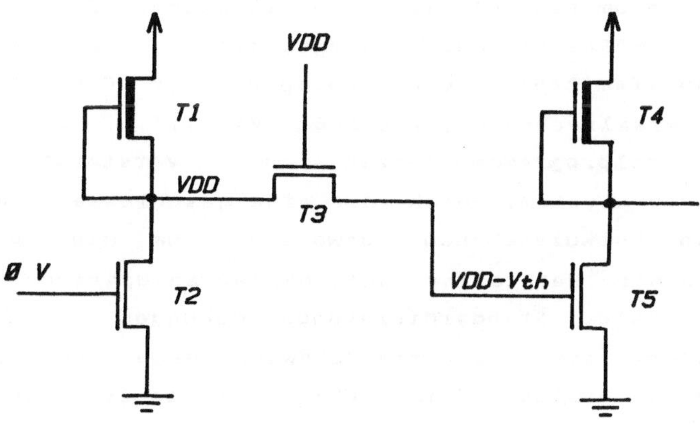

Bild 1.20   Spannungsabfall am pass-Transistor

2 Der VLSI Entwurfsprozeß

In diesem Kapitel wird ein möglicher Entwicklungsprozeß einer NMOS-Schaltung dargestellt. Die angegebenen Entwurfshilfsmittel sind nur Beispiele für CAD-Programme, die auf Universalrechnern, wie z.B. VAX-11/..., arbeiten. Neben diesen Einzelprogrammen setzen sich in verstärktem Maße auch integrierte Systeme durch, die eine geschlossene Datenstruktur auf allen Entwurfsebenen aufweisen. Um die Schnittstellen verschiedener Hersteller aufeinander anzupassen, sind z. Zt. internationale Standardisierungsbemühungen zu beobachten. Insbesondere setzt sich die Hardware-Beschreibungssprache VHDL /10/ und das Austauschformat EDIF /11/ als IEEE-Standard durch.

Am Anfang einer Entwicklung steht im allgemeinen eine informale, verbale Spezifikation der Funktion der Schaltung. Am Ende der Entwicklung steht das getestete Chip, das durch die Geometriedaten (Layout) eindeutig definiert ist. Zwischen diesen Schritten liegt eine Vielzahl weiterer Abstraktionsebenen des Entwurfs, die jeweils eigene Datenstrukturen und Informationsgehalte besitzen. In der Regel folgen den einzelnen Entwurfsschritten Kontrollschritte, die eventuell aufgetretene Fehler lokalisieren sollen (Bild 2.1).

Die im folgenden aufgezeigten Schritte zeigen nur eine mögliche Entwurfsstrategie auf. In der Praxis können unter Umständen einzelne Schritte übergangen werden oder weitere, wie z.B. das symbolische Layout /30/, eingefügt werden.

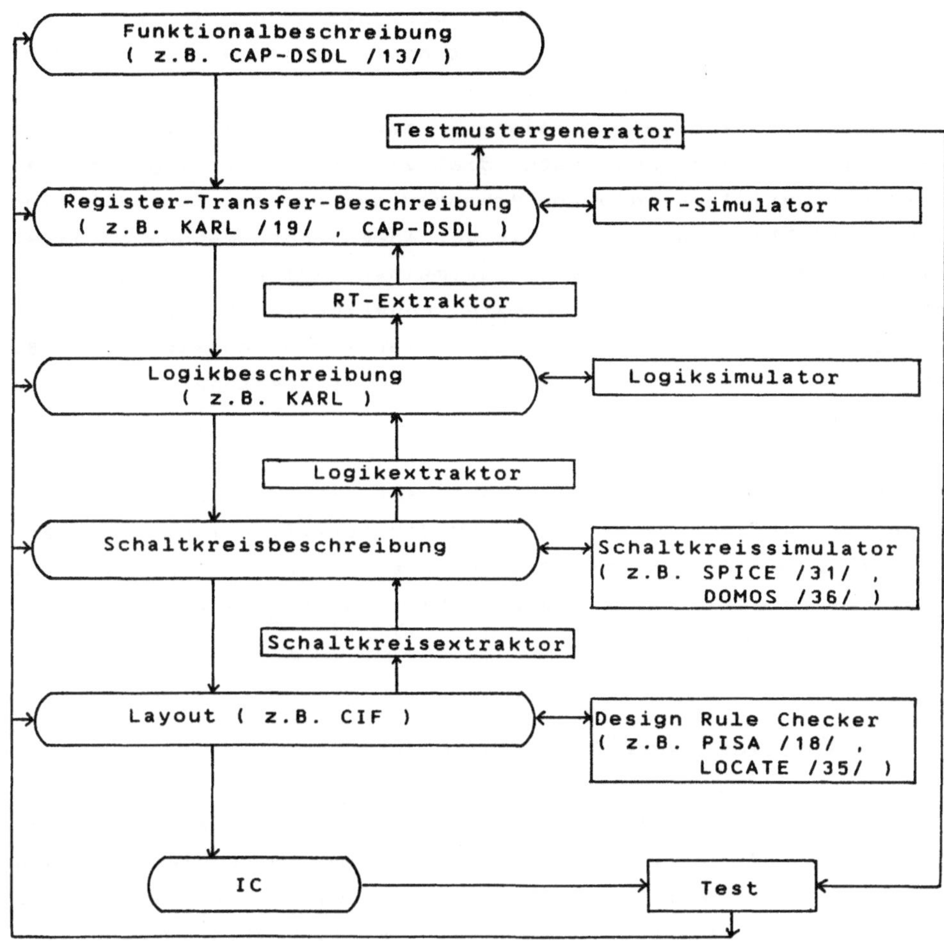

Bild 2.1   IC-Entwurf

2.1 Die Funktionalebene

Von dem eigentlichen Entwurf eines Schaltkreises kennt der
Entwerfer zunächst nur eine mehr oder weniger genau definierte
Anwendungsumgebung und einen oft nicht formal beschriebenen
Anforderungskatalog (Pflichtenheft), den seine Schaltung zu
erfüllen   hat.   Diese   Situation   ist   natürlich   sehr

fehleranfällig, da Entwerfer (Designer) und Anwender der Schaltung in der Regel - zumindest heute noch - verschiedene Personen sind, die Kommunikationsschwierigkeiten haben. Aus diesem Grund kann es passieren, daß ICs, die erfolgreich gefertigt wurden und auch die vom Designer angestrebten Funktionen erfüllen, die vom Anwender geforderte Spezifikation nicht erfüllen, wenn sie in der Anwendungsumgebung getestet werden. Um solche Irrtümer zu vermeiden, ist es erforderlich, daß der Anwender eine formale Funktionalbeschreibung (z.B. CAP-DSDL) /13/ oder eine Register-Transfer-Beschreibung (z.B. KARL) der Schaltung erstellt, die der Designer eindeutig interpretieren kann.

Anwender und Designer können auf dieser Ebene bereits erste Simulationen durchführen, um die Spezifikation zu testen, oder um mit Hilfe von Chip-Plannern, z.B. Mimola /4/, bereits die Leistungsfähigkeit der Schaltung abhängig von deren Struktur zu untersuchen.

2.2 Die Register-Transfer-Beschreibung

Mit der Register-Transfer-Beschreibung, z.B. einem "KARL-Programm" oder einem ABL-Diagramm, wird die Schaltung strukturell hardware-nah auf der Register-Transfer-Ebene beschrieben. Das ABL-Diagramm (ABL = A Block Diagram Language) /17/,/12/ ist eine graphische Darstellungsform einer Schaltung auf RT-Ebene. Obschon es eine Vielzahl von Register-Transfer-Sprachen (englisch: register transfer language, kurz RTL) gibt, wollen wir uns hier auf die in Kaiserslautern entwickelte und implementierte Sprache KARL III beschränken /19/. In KARL III wird die Hardware einer Schaltung durch folgende Elemente beschrieben:

Register, Leitungen, Taktgeber, Speicher,

Busse, Schalter und Anzeigen.

Bild 2.2 zeigt die KARL III-Beschreibung des Addierwerks aus Bild 2.3. Es handelt sich um eine textliche Darstellung, in der die Elemente des ABL-Diagramms und deren Verbindungen definiert werden. Obwohl alle Elemente der zu entwickelnden Hardware in der KARL III-Beschreibung bereits definiert werden, handelt es sich um eine Beschreibung auf einer hohen Abstraktionsebene.

```
CELL       ADDIERWERK ();
CONSTANT   NULL [15..0] .= 0;
SWITCH     DATA [15..0]; INIT;
CLOCK      PHI [4;2..3];
LIGHTNODE ERGEBNIS [15..0];
REGISTER   REG [15..0];
BEGIN
    AT PHI DO
        REG := DATA +
            IF INIT
                THEN NULL
                ELSE REG
            ENDIF;
    ENDAT;
    ERGEBNIS .= REG;
END.
```

Bild 2.2   KARL III-Beschreibung eines Addierwerks

Mit dem KARL-Simulator kann die RT-Beschreibung simuliert, und durch geeignete Testmuster kann die bisherige Definition der Schaltung überprüft werden. Die RT-Beschreibung ist dadurch charakterisiert, daß:

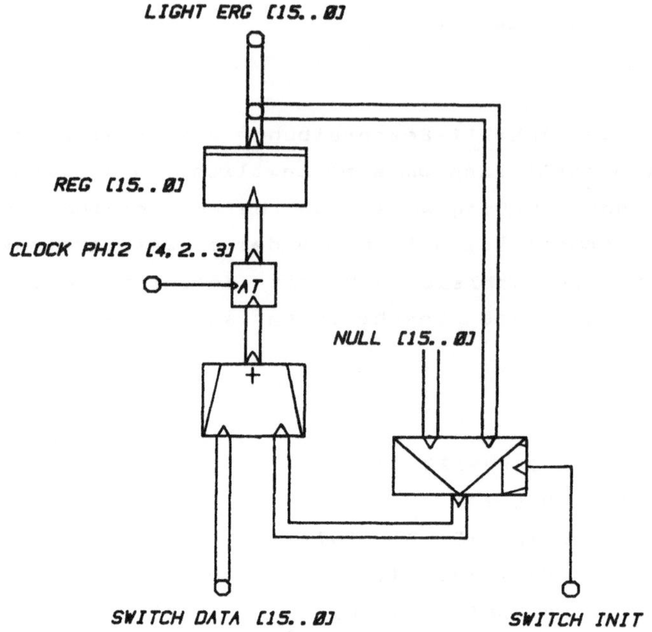

Bild 2.3   ABL-Darstellung eines Addierwerks

1. Datenpfade, Register, arithmetische Operatoren, etc. auf
eine bestimmte Wortbreite zusammengefaßt sind;

2. ganze Funktionen oder Zellen definiert werden können (z.B.
CELL ADDIERWERK ()) und durch "Aufruf" instantiiert werden
können;

3. die spätere Implementierung der Operatoren noch nicht festgelegt ist;

4. alle Elemente zwingend mit Namen versehen sind.

   Diese Eigenschaften der Register-Transfer-Beschreibung (
RT-Beschreibung) treten schon in der nächstniedrigeren
Entwurfsebene, der Logikebene, nicht mehr auf, was die
Rückgewinnung der RT-Beschreibung aus einer Logikbeschreibung

ohne zusätzliche Informationen sehr erschwert, wenn nicht gar unmöglich macht. Die Stadien des Entwurfs einer Schaltung in den verschiedenen Hierarchie-Ebenen sollen anhand einer Multiplexerschaltung mit zwei jeweils 2 bit breiten Eingängen, einem Steuereingang und einem 2 bit breiten Ausgang aufgezeigt werden.

Bild 2.4 zeigt das ABL-Diagramm und die KARL III-Beschreibung des Multiplexers.

```
FUNC MULTIPLEXER ();
SWITCH A [1..0]; B [1..0]; SELECT;
BEGIN
   LIGHT X [1..0] .= IF SELECT
                        THEN B
                        ELSE A
                      ENDIF;
END.
```

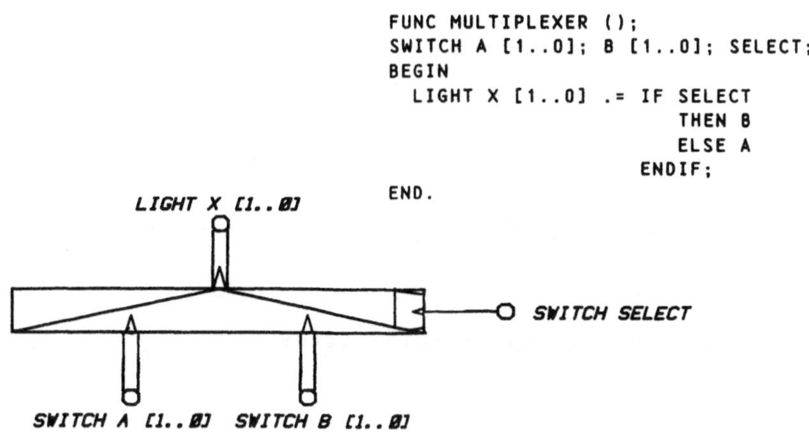

Bild 2.4   ABL-Darstellung und KARL-Beschreibung eines Multiplexers

2.3 Die Logikebene

Auf der Logikebene läßt sich aus der Wahrheitstafel des Multiplexers eine Boole'sche Gleichung entwickeln (Tab. 2.1, Gl. 2.1).

A1	A0	B1	B0	S	X1	X0
0	0	0	0	0	0	0
0	0	0	0	1	0	0
0	0	0	1	0	0	0
0	0	0	1	1	0	1
0	0	1	0	0	0	0
0	0	1	0	1	1	0
0	0	1	1	0	0	0
0	0	1	1	1	1	1
0	1	0	0	0	0	1
0	1	0	0	1	0	0
0	1	0	1	0	0	1
0	1	0	1	1	0	1
0	1	1	0	0	0	1
		"		"		
		"		"		
		"		"		

Tabelle 2.1: Wahrheitstafel Multiplexer

$$X1 = B1 * S \vee A1 * \overline{S}$$

$$X0 = B0 * S \vee A0 * \overline{S} \qquad\qquad (Gl. 2.1)$$

Diese Ebene der Beschreibung läßt sich auch mit Hilfe von
KARL III darstellen (Bild 2.5).

```
CELL          MULTLOG1();
SWITCH        A0; A1; B0; B1; S;
LIGHTNODE     X1; X2;
BEGIN
   X1.= B1 AND S OR A1 AND NOT (S);
   X0.= B0 AND S OR A0 AND NOT (S);
END.
```

Bild 2.5   KARL III-Logikbeschreibung des Multiplexers

Der Unterschied zur Beschreibung nach Bild 2.4 liegt darin, daß hier bereits Gatter aufgeführt werden, und daß Datenwörter bitweise aufgelöst sind. Die Logikbeschreibung läßt sich nach den Regeln der Schaltalgebra so umformen, daß nur die in Kapitel 1.4 vorgestellten Grundschaltungen zur Implementierung notwendig sind (Bild 2.6).


```
CELL          MULTLOG2();
SWITCH        A0; A1; B0; B1; S;
LIGHTNODE     X0; X1;
BEGIN
   X1. = (B1 NAND S) NAND (A1 NAND NOT(S));
   X0. = (B0 NAND S) NAND (A0 NAND NOT(S));
END.
```

Bild 2.6   KARL III-Logikbeschreibung des Multiplexers

Die in Bild 2.6, Bild 2.7 und Gleichung 2.2 dargestellte Logikschaltung läßt sich mit den Erkenntnissen aus Kapitel 1.4 1:1 in eine Transistorschaltung überführen.

$$X1 = \overline{(\overline{B1 * S}) * (\overline{A1 * S})}$$

$$X0 = \overline{(\overline{B0 * S}) * (\overline{A0 * S})} \qquad\qquad (Gl.\ 2.2)$$

Die Logikbeschreibung nach Bild 2.5 kann mit dem Simulator des KARL-Systems getestet werden, um z.B. eine Übereinstimmumg mit der Simulation auf RT-Ebene nachzuprüfen.

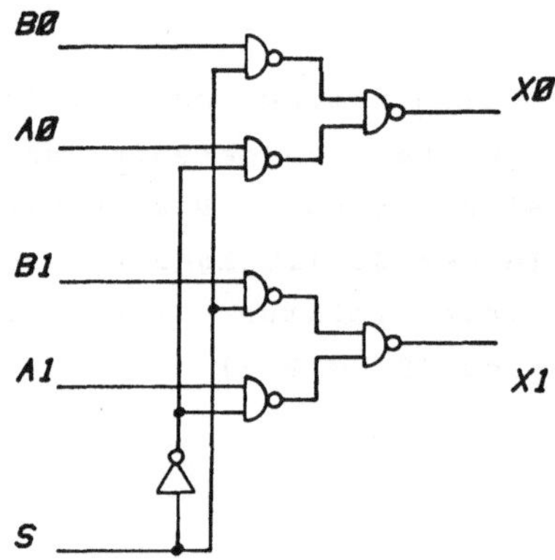

Bild 2.7 Gatterschaltung des Multiplexers

Zusammenfassend unterscheidet sich die Beschreibung in der Logikebene von der in der RT-Ebene durch folgende Eigenschaften:

1. alle Datenpfade sind ein bit breit

2. nicht alle Verbindungsleitungen besitzen eigene Namen

Aber auch in der Logikebene gilt: Durch die Beschreibung ist die Art der Implementierung noch nicht festgelegt.

2.4 Die Schaltkreisebene

Beim Übergang von der Logikebene auf die Schaltkreisebene legt sich der Designer scheinbar zum erstenmal auf eine Technologie fest, in der die Schaltung realisiert werden soll. In Wirklichkeit hat er sich aber schon viel früher entschieden, und diese Entscheidung hatte bereits Einfluß auf den bisherigen Entwurf. Der Gesamtentwurf spielt sich nämlich nicht konsequent in der Reihenfolge der Abstraktionsebenen ab, also top-down, sondern es trifft vielmehr zu, daß der Designer von Beginn des Projektes an weiß, daß er bestimmte Zellen verwenden will, die er einer Zellenbibliothek entnehmen kann. Auch hat er bereits zu Beginn klare Vorstellungen, wie er bestimmte Teilfunktionen unter optimaler Ausnutzung der Eigenschaften einer bestimmten Technologie realisieren kann (bottom-up-Entwurf).

Im folgenden Unterkapitel werden einige dieser Eigenschaften der NMOS-Technologie vorgestellt. Ferner wird die Schaltkreissimulation anhand eines Beispielprogramms behandelt.

Aus der Logikbeschreibung einer Schaltung (z.B. Gleichung 2.2) läßt sich unter Verwendung von Grundschaltungen direkt eine Schaltkreisbeschreibung gewinnen. So zeigt Bild 2.8 die Abbildung von X1 aus Gleichung 2.2 in die Schaltkreisebene. Die hier verwendeten Elemente sind Transistoren und Leitungen. In der Transistorschaltungstechnik, hier insbesondere der NMOS-Technik, gibt es in der Regel eine Vielzahl verschiedener Implementierungen der gleichen logischen Funktion. Besonders hervorzuheben ist der Einsatz des pass-Transistors (transmission-gate), der in der Logikebene nicht geeignet dargestellt werden kann. Durch den Einsatz des pass-Transistors läßt sich der Multiplexer wesentlich einfacher realisieren als in Bild 2.8 dargestellt (Bild 2.9).

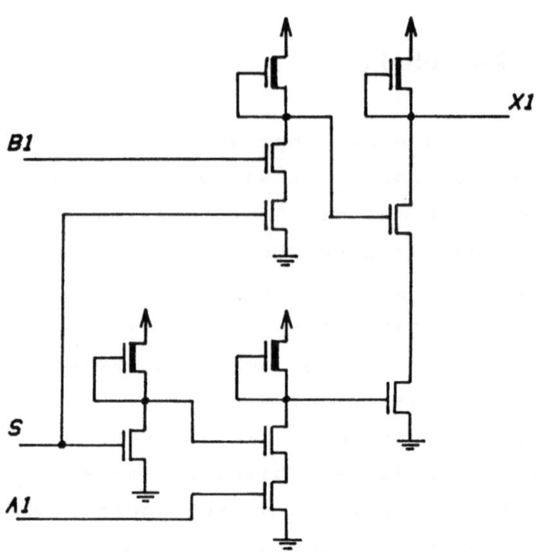

Bild 2.8   1-bit Multiplexer (Transistorschaltung)

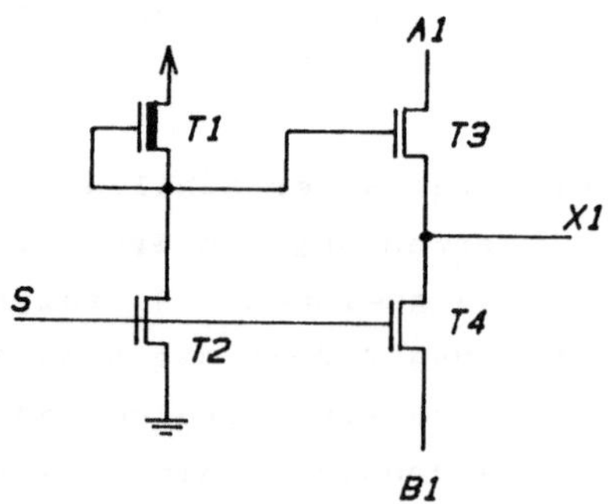

Bild 2.9   Multiplexerrealisierung mit pass-Transistoren

Bei dieser Realisierung leitet entweder der Transistor T4 den Pegel B1 an den Ausgang X1 (S = 1) oder der Transistor T3 den Pegel A1 (S = 0). Durch diese Schaltung konnte die Anzahl der Transistoren auf 4 gegenüber 11, also auf fast ein Drittel reduziert werden. Auch Bild 2.10 zeigt eine Schaltung, die von dem pass-Transistor Gebrauch macht. Es handelt sich hier um eine Äquivalenzschaltung.

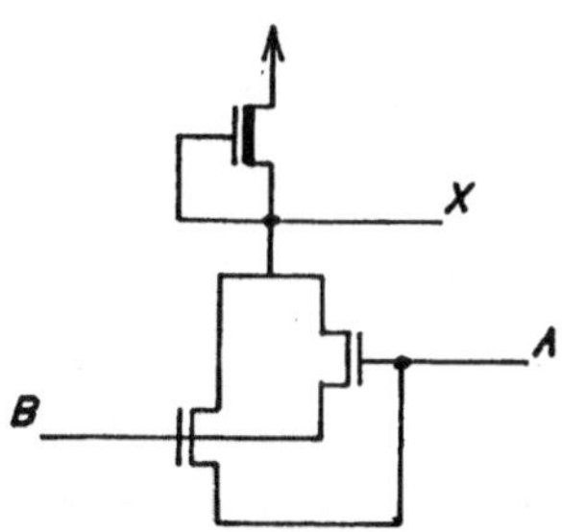

Bild 2.10   Äquivalenzschaltung

Obwohl solche Schaltungen nicht so leicht zu analysieren sind wie Schaltungen aus Grundschaltungen, und keine Algorithmen existieren, die solche Schaltungen erzeugen, werden sie gerne von Designern eingesetzt, da sich hierdurch sehr viel Chipfläche sparen läßt. Die Analyse von Schaltungen mit pass-Transistoren ist deshalb so schwierig, da nur aus dem Kontext der Schaltung die Datenflußrichtung und die Funktion der Schaltung hervorgeht.

Neben der bekannten graphischen Darstellung eines Schaltkreises gibt es auch verschiedene Textformen, die in der Regel als Eingabesprache für Schaltkreissimulatoren entwickelt wurden /36/,/31/. Wir wollen uns hier auf das Simulationsprogramm "DOMOS" beschränken. Bild 2.11 zeigt das um parasitäre Kapazitäten erweiterte Schaltbild 2.9. Um eine Schaltung simulieren zu können, müssen neben der Verdrahtung, der Netzliste, auch schon einige geometrische Daten des Layouts

bekannt sein

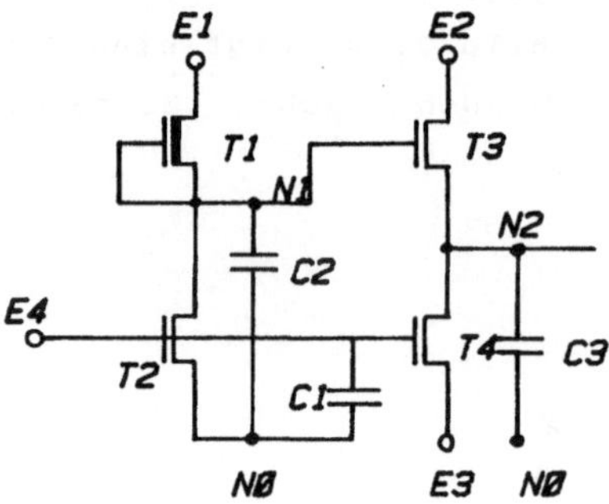

Bild 2.11   Multiplexerschaltung mit parasitären Kapazitäten

```
TITLE MULTIPLEXER
PARAMETERS
$ Hier werden Technologie-
$ parameter eingesetzt.
CIRCUIT
T1 B N1 N1 E1 2 8
T2 A E4 N0 N1 2 2
T3 A N1 N2 E2 4 2
T4 A E4 E3 N2 4 2
C1 E4 N0 0.040
C2 N1 N0 0.050
C3 N2 N0 0.1
E1 5
E2 0.7
E3 5
E4 LINEAR 3.7 0 1 30 3 3 50
TIMER 0 50
OUTPUT
FIX PLOT
N2 E4
EXECUTE
END
```

Bild 2.12 Simulationsprogramm für Multiplexer

Bei den Geometriedaten handelt es sich um die Länge und Breite der Transistorkanäle und die Größe von parasitären Kapazitäten. Die Transistordaten lassen sich schon vor der eigentlichen Festlegung des Layouts aus dem benötigten pull-up/pull-down-Verhältnis errechnen; die parasitären Kapazitäten können grob abgeschätzt werden.

Bild 2.12 zeigt eine DOMOS-Notation der Schaltung nach Bild 2.11. Die Netzliste beginnt mit der Angabe von Widerständen (hier entfallen), gefolgt von der Beschreibung der Transistoren und Kapazitäten. Im folgenden wird eine kurze Beschreibung einiger Elemente einer DOMOS-Netzliste gegeben /36/.

Widerstände

```
R(NR) (C1) (C2) (R)
z.B.      : R20 N1 E3 10
NR        : Nummer des Widerstands von 1..50
C1, C2 : Anschlüsse der Widerstände
R         : Widerstandswert in kOhm
```

Transistoren

```
T(NR) (Typ) (C1) (C2) (C3) (W) (L) <(SD) <(DD)>>
z.B.      : T50 A E1 N0 N3 20 10
            T51 B N3 N3 E2 6.25 18.75
NR        : Transistor-Nummer von 1..200
TYP       : Transistor-Typ A,B,C,D
                            A = n-Kanal enhancement
                            B = n-Kanal depletion
                            C = p-Kanal enhancement
                            D = p-Kanal depletion
C1        : Gate-Anschluß
C2        : Source-Anschluß
C3        : Drain-Anschluß
W         : Breite des Transistorgates in Mikrometer
L         : Länge des Transistorgates in Mikrometer
SD        : Fläche des  Source-Diffusionsgebiets (Default: 0.0)
DD        : Fläche des Drain-Diffusionsgebiets  (Default: 0.0)
```

Kapazitäten

```
C(NR) (C1) (C2) (CF)
z. B.    : C21 N4 N0 100
           C22 N8 N7 2
NR       : Nummer der Kapazität von 1..100
C1, C2 : Anschlüsse der Kapazität
CF       : Feste Kapazität in pF
```

Die im folgenden gegebene Beschreibung der Spannungsquellen ist nur noch bedingt Bestandteil der Netzliste, da hier bereits die Folge der Simulationsschritte festgelegt wird.

Spannungsquellen

```
E(NR) ,(TYP)> <(A) <(TD) <(VO) <(TW) <(TR) <(TF) <(TP)>>>>>>>
z.B.     : E1 5
           E2 LINEAR 4 1 100 200 50 50 500
           E3 EXPO    5 0 0   200 50 50
NR       : Nummer der Spannungsquelle von 1..20
TYP      : Spannungsquellen-Typ
                    LINEAR = Lineare Kurvenform, Trapezspannung
                    EXPO   = Exponentielle Kurvenform
                    SINE   = Sinusschwingung
           Wird der Typ weggelassen, nimmt das Programm LINEAR an
A        : Amplitude in V
TD       : Einschaltverzögerung in ns
VO       : Offsetspannung in V
TW       : Impulsdauer einschließlich Anstieg- und Abfallzeit
           in ns
           Bei SINE: Zeitverschiebung = Phasenverschiebung/Kreis-
           frequenz
TR       : Anstiegszeit in ns
           Bei SINE: Linearer Dämpfungskoeffizient
TF       : Abfallzeit in ns
```

        Bei SINE: Exponentieller Dämpfungskoeffizient
TP   : Periodendauer in ns

Als Beispiel zu den Spannungsquellen siehe Bild 2.13.

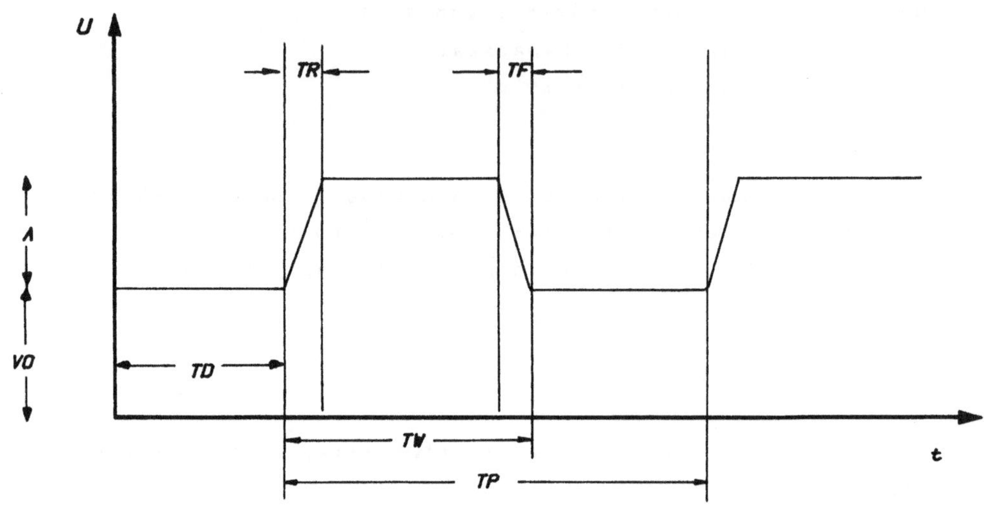

Bild 2.13 Beispiel für einen linearen Spannungsverlauf

        Die weiteren Angaben der DOMOS-Beschreibung sind Kommandos
für den DOMOS-Simulator.

Timer (TSTART) (TEND)
Definiert das Simulationsintervall
z.B.   : TIMER 0 1000
         TIMER 1000 2000
TSTART: Startzeit der Simulation >= 0 ns
TEND   : Endzeit der Simulation in ns

```
OUTPUT
```

gibt an, daß die folgende Zeile die Spezifikation der   Ausgabe
enthält.

```
FIX PLOT oder FIX PRINT
```

Diese Zeile bewirkt eine Ausgabe als Printerplot (FIX PLOT)
oder als Tabelle mit sechs signifikanten Stellen (FIX PRINT).

```
(V1) <(V2) .. <(V10)>>>>>>>>
```

Gewünschte Ausgabe-Variablen = V1...V10
Mögliche Ausgabe-Variablen sind:

```
        R1..R50 = Strom durch einen Widerstand in mA
        T1..T200= Strom durch einen Transistor in mA
        N0..N200= Spannung an einem Knoten in V
        E1..E20 = Spannung an einer Spannungsquelle in V
        W1..W200= Verlustleistung eines Transistors in mW
        W0      = Verlustleistung der Gesamtschaltung in mW
```

Mit einem Schaltkreissimulator läßt sich   erstmals das
elektrische Verhalten der Schaltung ermitteln. Es kann
überprüft werden, ob alle logischen Pegel erreicht werden, und
wie sich die Schaltung dynamisch verhält.

Das Ergebnis der Schaltkreissimulation (Bild 2.14) ist ein
Print-Plot der elektrischen Werte (Spannung, Strom durch
Bauelemente) über der Zeit. Welche dieser Werte ausgeplottet
werden, wird durch die Output-Anweisung festgelegt.

Die Problematik der Schaltkreissimulation liegt darin, daß
zur Berechnung der Spannungsverläufe die Lösung von
Differentialgleichungen notwendig ist. Die verwendeten
Algorithmen sind derart rechenintensiv, daß Schaltungen mit
mehr als ca. 30 Transistoren untragbare Rechenzeit benötigen.
Daraus folgt, daß nur kritische Teile der Schaltung simuliert

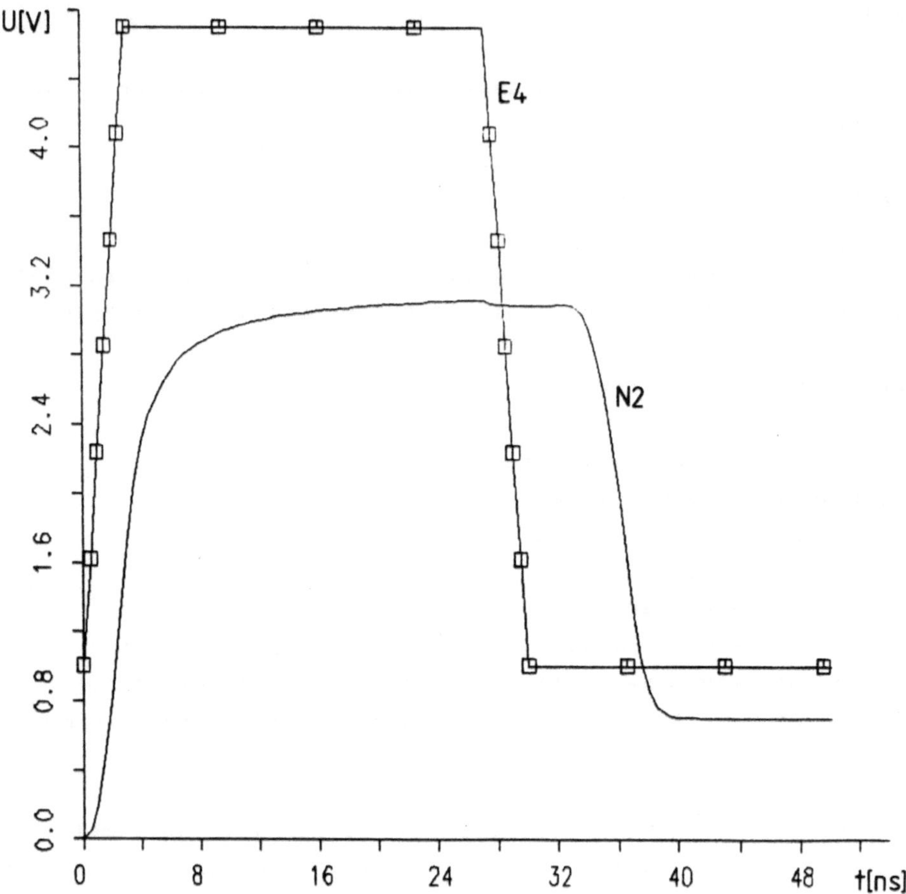

Bild 2.14   DOMOS-Ausgabe

werden können, bzw., daß die Gesamtschaltung in mehrere Komponenten zerlegt werden muß, die getrennt simuliert werden.

Zur Zeit setzt sich eine mixed-level-Simulation durch, d.h., Teile der Schaltung werden auf Schaltkreisebene und andere Teile auf Logikebene simuliert. Derartige Programme überlassen die Partitionierung der Schaltung dem Designer, der bestimmen muß, welche Teile der Schaltung zeitkritisch sind, also auf Schaltkreisebene simuliert werden müssen, und welche Teile (z.B. Standardzellen, etc.) unkritisch sind, also auf Logikebene simuliert werden können. Die Logiksimulatoren /3/ haben eine ähnliche Eingabesprache wie z.B. DOMOS, jedoch wird die Schaltung nicht mehr diskret simuliert, sondern es wird durch ein vereinfachtes Transistormodell die logische Funktion der Schaltung ermittelt und simuliert.

2.5 Die Layout-Ebene

Nach dem Schaltkreisentwurf ist die nächstniedrigere Abstraktionsebene des Entwurfs die topologische Ebene. In dieser Ebene wird die relative Lage der Elemente der Schaltkreisebene, also der Transistoren und der Verbindungen, festgelegt. Diese Festlegung wird dreidimensional durchgeführt. Die ersten beiden Dimensionen sind die x- und y-Richtung auf der Chipoberfläche. Die dritte Dimension sind die Maskenebenen des Prozesses. Beim topologischen Schaltungsentwurf wird neben der relativen Lage der Elemente auch die Maskenebene der Elemente festgelegt (Bild 2.15). Dieser topologische Entwurf wird auch als Stick-Diagramm /9/ oder als symbolisches Layout /23/ bezeichnet. Spezielle CAD-Werkzeuge, sogenannte Kompaktoren /23/, /32/, /40/, wandeln diesen topologischen Entwurf mit Hilfe von Entwurfsregeln automatisch in ein korrektes Layout (Bild 2.16) um. Dieses Layout ist eine topographische Darstellung der verschiedenen Maskenebenen. Während dieses Schrittes werden die Leiterbahnen, Cuts und Transistoren mit absoluten Dimensionen versehen und derart plaziert, daß ein fehlerfreies, möglichst platzsparendes Layout entsteht.

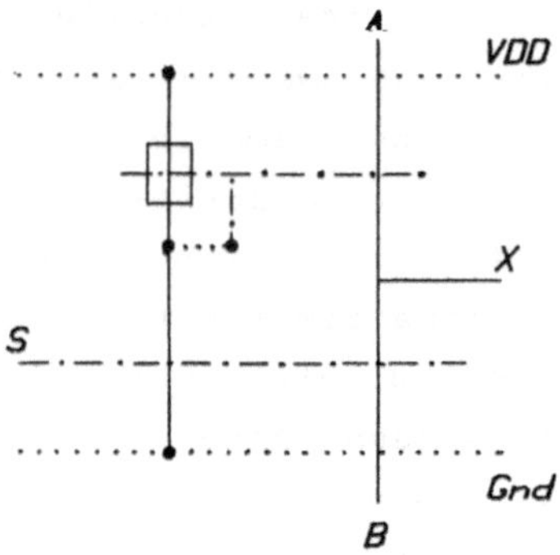

Bild 2.15   Multiplexer-Stickdiagramm

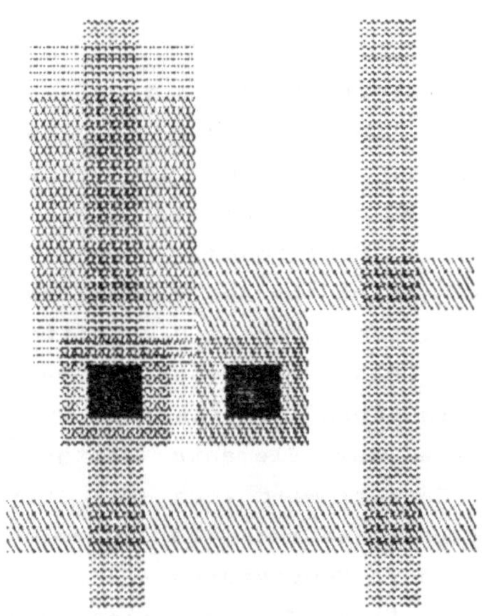

Bild 2.16   Multiplexer-Layout

Trotz aufwendiger Algorithmen sind diese Programme jedoch nicht in der Lage Layouts so platzsparend zu erzeugen wie erfahrene menschliche Entwerfer. Der Flächenbedarf automatisch generierter Layouts ist um 5 % bis 50 % größer als der von Handlayouts. Die wirtschaftliche Bedeutung der Flächenoptimierung liegt nicht nur in der möglichen größeren Anzahl von Chips pro Wafer begründet, sondern auch in der Ausschußrate. Die Wahrscheinlichkeit, daß ein Chip durch eine Verunreinigung oder einen Fehler im Kristall defekt ist, ist nämlich annähernd reziprok proportional zur Chipfläche. Besonders stark ist dieser wirtschaftliche Druck der Flächenoptimierung bei Großserienschaltungen, da hier die Gewinnspanne pro Chip sehr gering ist. Bei Kleinserien mit Stückzahlen von einigen tausend, wie z.B. kundenspezifischen Schaltungen, spielen jedoch die Entwicklungskosten der Schaltung die dominierende Rolle. Hier ist also einem schnellen Entwurf der Vorzug zu geben, gleichzeitig müssen dann aber bei der Flächenoptimierung Kompromisse eingegangen werden.

Trotz der eingangs erwähnten Möglichkeit der automatischen Layoutgenerierung aus einer topologischen Schaltungsbeschreibung überwiegt in der Praxis die manuelle Layouterzeugung mit interaktiven graphischen Editoren /34/, /24/, /16/.

Das folgende Unterkapitel befaßt sich mit der Layoutdarstellung und insbesondere einem Datenformat, welches dem Austausch der Layoutinformation vom Entwerfer an den Hersteller einer Schaltung dient, der Caltech Intermediate Form, kurz CIF.

Die von der Fertigungsstraße benötigten Masken werden von Photoplottern oder mit Elektronenstrahlengeräten (E-Beam)hergestellt. Diese Geräte beziehen ihre Information von Magnetbändern, die die digitalisierten Layoutdaten enthalten.

Für das Datenformat - man könnte es auch als Layoutsprache bezeichnen - gibt es eine Vielzahl von Standards. Der am meisten verwendete ist die Caltech Intermediate Form. Wir werden uns hier nur mit einer vereinfachten Version von CIF beschäftigen, dem Manhatten-CIF*. Mit Manhatten-CIF lassen sich nur orthogonale Strukturen beschreiben. Dies stellt zwar eine gewisse Einschränkung für den Designer dar, der unter Umständen gern auch diagonale Leitungen oder Kreisbögen implementieren möchte. Andererseits werden jedoch die Algorithmen für Extraktoren und Design-Rule-Checker wesentlich einfacher und die zugehörigen Programme entsprechend schneller.

Manhatten-CIF, dessen Syntax in Bild 2.17 dargestellt ist, beschreibt die Topographie des Layouts durch Rechtecke, Wires oder Polygone. Oftmals werden komplizierte Strukturen aus Rechtecken zusammengesetzt (Bild 2.18).

---

* laut /11/: Manhatten:

  a) exellent drink; b) bad place to get a taxi; c) orthogonal structure

```
<ManhattanCifFile> ::= { <blank> } [ <command> <semi> ]
                       <endCmd> { <blank> }

<command> ::= <primCmd> |  <defCmd> | <defDeleteCmd>

<primCmd> ::= <boxCmd> | <layerCmd> | <callCmd> |
              <userExtension> | <comment>

<defCmd> ::= <defStartCmd> <semi> { <blank> }
             [ <primCmd> <semi> ] <defFinishCmd>

<boxCmd> ::= B <xlength> <sep> <yheight> <sep> <point>

<layerCmd> ::= L { <blank> } <c> { <c> { <c> { <c> } } }

<defFinishCmd> ::= D { <blank> } F

<defStartCmd> ::= D { <blank> } S <subscript>
                    { <sep> <factor> <sep> <quotient> }

<defDeleteCmd> ::= D { <blank> } D <subscript>

<comment> ::= ( <commentText> )

<callCmd> ::= C <subscript> <transformation>

<userExtension> ::= <digit> <userText>

<endCmd> ::= E

<semi> ::= { <blank> } ; { <blank> }

<point> ::= <sInteger> <sep> <sInteger>

<sInteger> ::= { <sep> } { - } <integer>

<transformation> ::= { { <blank> } T <point>         |
                       { <blank> } M { <blank> } X |
                       { <blank> } M { <blank> } Y |
                       { <blank> } R <point>          }


<c> ::= <digit> | <upperChar>
<sep> ::= <upperChar> | <blank>
<blank> ::= <all ASCII except digit> | <specialChar> |
            <upperChar>
<specialChar> ::= - | ( | ) | ;
<upperChar> ::= <all ASCII except ;>
<commentChar> ::= <all ASCII except ( and )>
<subscript> ::= <integer with max. 4 digits>
<xlength> | <yheight> | <factor> | <quotient> ::= <integer>
```

Bild 2.17   CIF-Syntax

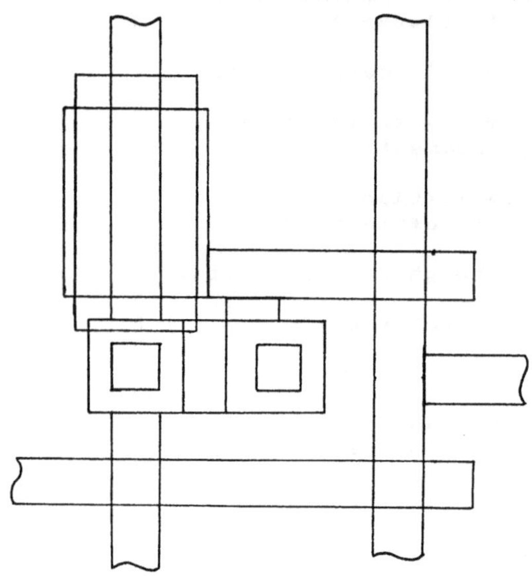

Bild 2.18   Multiplexer-Layout aus Rechtecken

Diese Rechtecke (boxes) werden durch ihre Länge, Breite und die Koordinaten des Mittelpunkts definiert. Alle Längenangaben erfolgen in sogenannten CIF-Einheiten. Es lassen sich jedoch Umrechnungsfaktoren definieren, so daß man Angaben z.B. in Mikrometern machen kann.

1 CIF-Einheit = 0.01 Mikrometer

Im Beispiel in Bild 2.19 bedeutet A=25, daß alle im folgenden Symbol verwendeten Dimensionen mit 25 multipliziert werden müssen. B=1 gibt einen Quotienten von 1 für die folgenden Abmessungen an.

```
      DS 1 A=25 B=1; (MULTIPLEXER-LAYOUT);

      LNP; B 200   20 100    40;
           B  60   80  60  160;
           B 110   20 145  130;
           B  20   10 110  115;
           B  40   40 120   90;


      LNI; B  50 110  60  160;


      LNC; B  20   20 120   90;
           B  20   20  60   90;


      LNM; B 100   40  90   90;


      LND; B  20   70  60   35;
           B  40   40  60   90;
           B  20  130  60  175;
           B  20  240 170  120;
           B  50   20 205   85;


      DF;


      C1 T 0 0;


      E.
```

Bild 2.19   CIF-Listing des Multiplexer-Layouts

Als Beispiel für eine CIF-Beschreibung möge Bild 2.19
dienen, welches das Layout eines Multiplexers beschreibt.
Verbunde von Rechtecken lassen sich zu Symbolen zusammenfassen,
z.B. komplette Inverter. Diese Symbole, auch Zellen genannt,
werden vom Designer wiederum zu Superzellen zusammengefaßt.
Ist z.B. eine Flipflopzelle entworfen, so wird der

Speicherdesigner zunächst aus n Flipflopzellen eine Reihe seiner Speichermatrix zusammenstellen und anschließend m Reihen zu einer n * m Speichermatrix anordnen (Bild 2.20).

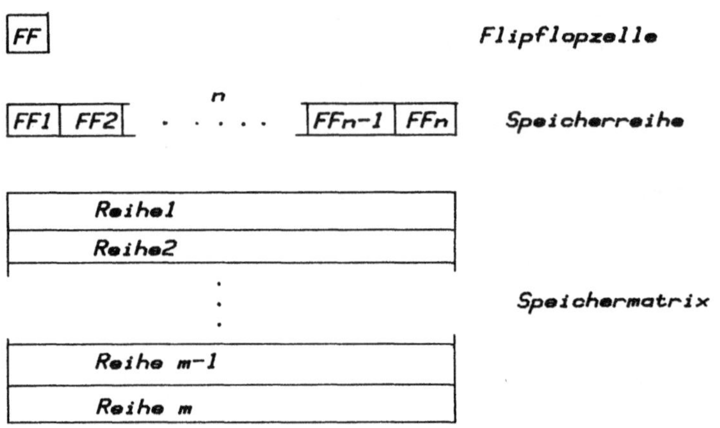

Bild 2.20   Entwicklung einer Speichermatrix

Diese Möglichkeit der Bildung von Zellen und Superzellen erleichtert dem Designer einen strukturierten, hierarchischen Entwurf. Dieser hierarchische Entwurf ist mit einer strukturierten Programmierung zu vergleichen, in der Prozeduren mehrfach aufgerufen werden. Die Struktur kann von hierarchischen Extraktoren und Design-Rule-Checkern ausgenutzt werden, da diese ja nur jeweils ein Exemplar der Zellen bearbeiten müssen.

Die in Bild 2.17 dargestellte CIF-Grammatik wurde von der University of California, Berkeley, um die Erweiterungen nach Bild 2.21 verbessert. Hierdurch lassen sich z.B. bestimmten Punkten des Layouts Namen zuordnen. Wird aus einem so definierten Layout später die Transistorschaltung extrahiert, so werden die Namen den entsprechenden Knoten zugeordnet. Dies erleichtert die Lesbarkeit der Netzliste und vereinfacht den Vergleich von Soll- und Ist-Schaltung.

```
1 usertext                  -usertext wird beim Scannen auf dem
                             Bildschirm dargestellt
2 usertext transform        -usertext wird geplottet; transform
                             gibt die Position der linken unteren
                             Ecke des Textes an
2A, 2B, 2C, 2L, 2R          -siehe Kommando 2; der zweite Buch-
                             stabe gibt die Position der Bezugs-
                             punktes relativ zum Text an:
                             A oben in der Mitte des Textes
                             B unten in der Mitte des Textes
                             C in der Mitte des Textes
                             L links vom Text
                             R rechts vom Text
9 symbolname                -symbolname wird dem aktuellen Symbol
                             zugeordnet; er wird in jedes Exem-
                             plar des Symbols geplottet
94 pointname x y            -pointname wird der Koordinate x,y
                             zugeordnet
94 pointname x y layer      -pointname wird der Koordinate x,y
                             auf dem CIF-Layer layer zugeordnet
01 filename                 -fügt CIF von der Datei filename in
                             die aktuelle Datei ein
0A s n m dx dy              -ruft Symbol s n-mal mit Abstand dx
                             in x-Richtung und m-mal mit Abstand
                             dy in y-Richtung auf (Feldkommando)
0V x0 y0 x1 y1 ...          -plottet Linie zwischen den Koordina-
                             ten x0,y0 ...


n / m / x / y / s  : integer
dx / dy            : signed integer
```

Bild 2.21 CIF Berkeley-Erweiterungen

    Bei dem Entwurf eines Layouts sind diverse Regeln (Design-Rules) einzuhalten. Es handelt sich um Mindestbreite-, Mindestabstands- und Mindestüberlappungsregeln für die verschiedenen Maskenebenen. Ein weit verbreiteter und leicht erlernbarer Satz von Regeln ist der in /9/ vorgestellte (Bild 2.22).

Z.Zt. werden diese Design-Regeln noch in schriftlicher und graphischer Form vom Hersteller an den Entwerfer übermittelt. Dieser hat dann die mühsame Aufgabe, seine CAD-Hilfsmittel an die Design-Regeln anzupassen. Durch einen genormten Technologie-File, der vom Hersteller erstellt und von den CAD-Hilfsmitteln des Entwerfers automatisch interpretiert werden kann, wird die Umstellung der CAD-Hilfsmittel von einer Technologie auf eine andere jedoch in Zukunft vereinfacht werden /11/.

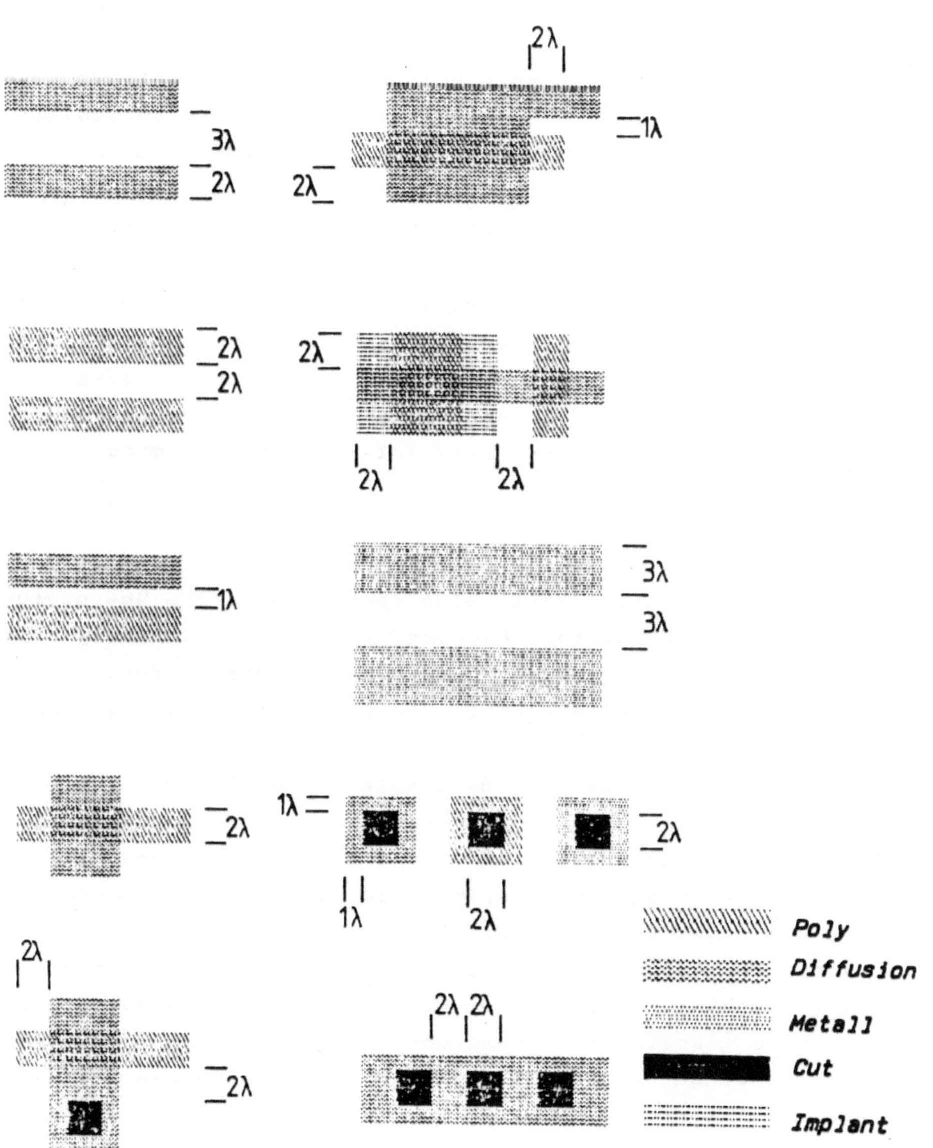

Bild 2.22   Mead-&-Conway Design Rules

3 Topographische Layoutkontrolle

Bei der Herstellung integrierter Schaltungen gibt es aufgrund technologischer Unzulänglichkeiten und physikalischer Grenzen gewisse Mindestdimensionen für Strukturen auf verschiedenen Maskenebenen. Technologische Unzulänglichkeiten sind z.B. unexakte Justage der Masken, Gefahr des Kurzschlusses bei nebeneinanderliegenden Leitungen oder die Gefahr der Unterbrechung von schmalen Leiterbahnen. Der Halbleiterhersteller ermittelt durch Versuche die jeweiligen Mindestdimensionen der verschiedenen Strukturen für seinen Prozeß und erstellt hieraus einen Design-Rule-Satz (Bild 2.22). In letzter Zeit setzen sich in verstärktem Maße gerasterte Design-Rules durch /9/. Bei diesen Design-Rules werden alle Dimensionen als Vielfache des Toleranzmaßes Lambda einer Prozeßlinie angegeben.

Wegen der Unübersichtlichkeit des Layouts einer integrierten Schaltung ist eine rechnergestützte Überprüfung des von Hand erstellten Layouts auf die Einhaltung der Entwurfsregeln notwendig. Diese Überprüfung wird topographische Kontrolle (engl. Design-Rule-Check) genannt.

Wir wollen uns hier auf Beispiele der NMOS-Technologie und Design-Rules nach /9/ beschränken. Die in Bild 2.22 abgebildeten Design-Rules stimmen mit einer Abweichung mit den in /9/ vorgeschlagenen überein. Bei der Ausnahme handelt es sich um das Layer Implant. Hier wurde der Mindestabstand zu Transistorkanälen von 1,5 auf 2 Lambda vergrößert. Nach dieser Änderung fügen sich alle Design-Rules in das Lambda-Raster, was für einige Design-Rule-Checker von Bedeutung ist. Die einzelnen Design-Rules lassen sich verschiedenen Klassen zuordnen:

1. Mindestabstand

a) zwischen zwei gleichen Materialien
   Beispiel: Abstand zweier Metalleitungen: 3 Lambda

b) zwischen zwei verschiedenen Materialien
   Beispiel: Abstand Poly-Diffusion: 1 Lambda

2. Mindestbreite

   a) eines Materials
      Beispiel: Mindestbreite Diffusion: 2 Lambda

   b) bei mehreren Materialien
      Beispiel: Mindestlänge Transistorkanal: 2 Lambda

3. Mindestverlängerung
   Beispiel: Transistorgate: Mindestverlängerung Poly über
             Transistorkanal: 2 Lambda

4. Mindestüberstand
   Beispiel Cut: Mindestüberstand Metall über Cut: 1 Lambda.

Aus dieser Klassifizierung ergibt sich, daß nun für jede Klasse von Design-Rules Kontroll-Algorithmen entwickelt werden müssen. Die Klassen lassen sich ineinander überführen, wenn man Pseudo-Maskenebenen einführt.

Zur Schreibvereinfachung soll im folgenden eine Namenskonvention eingeführt werden, die die Darstellung der Pseudo-Maskenebenen erleichtert:

        P: Poly vorhanden
        p: Poly nicht vorhanden
        D: Diffusion vorhanden
        d: Diffusion nicht vorhanden
        I: Implant vorhanden
        i: Implant nicht vorhanden
        M: Metall vorhanden
        m: Metall nicht vorhanden
        C: Cut vorhanden
        c: Cut nicht vorhanden

Mit dieser Namenskonvention lassen sich Pseudo-Maskenebenen (Layer) definieren. So bedeutet z.B. PDic eine Maskenebene, die den Gatebereich eines selbstsperrenden Transistors definiert. Die Metallmaske M tritt bei diesem Beispiel nicht auf, da sie bei den Design-Rules des Transistorkanals keinen Einfluß hat. Sie stellt sozusagen ein "don`t care" dar. Der Vorteil der Einführung dieser zusätzlichen "virtuellen" Masken liegt darin, daß die Überprüfung aller Design-Rules auf eine Abstandsüberprüfung reduziert werden kann:

Layer A separated by n Lambda of Layer S from Layer B

Beispiele:

1. Beschreibung der Mindestbreiteregel für Diffusionsleitungen durch obigen Formalismus:

$$A = d$$
$$n = 2$$
$$S = D$$
$$B = d$$

2. Beschreibung des Metallüberstands beim Cut:

$$A = mc$$
$$n = 1$$
$$S = Mc$$
$$B = MC$$

3. Beschreibung einer Design-Rule-Verletzung nach Beispiel 1:

$$A = d$$
$$n = 1 \quad oder \quad n = 0$$
$$S = D$$
$$B = d$$

4. Beschreibung einer Design-Rule-Verletzung nach Beispiel 2:

$$A = mc$$
$$n = 0$$
$$S = Mc$$
$$B = MC$$

Die im Einsatz befindlichen Design-Rule-Checker unterscheiden sich prinzipiell durch die verwendete Datenstruktur. Es lassen sich zwei Klassen zusammenfassen, und zwar

1. Polygon-Darstellung des Layouts
2. Raster-Darstellung des Layouts

<u>Definition 3.1</u>

Basisobjekte des Layouts (Rechtecke, geschlossene Polygonzüge) heißen Symbole.

3.1 Polygon-orientierter Design-Rule-Check

Ein Polygon-orientierter Design-Rule-Check geht von der Darstellung des Layouts durch die Eckpunkte der einzelnen Symbole aus. Bild 3.1 zeigt ein mögliches Datenformat und ein dadurch beschriebenes Symbol.

Wenn man das Polygon zeichnet, indem man die Eckpunkte in der gegebenen Reihenfolge verbindet, so kann man zunächst keine Aussage darüber machen, welches der innere (maskierte) und welches der äußere Teil der Fläche ist. Eine Eindeutigkeit wird dadurch erreicht, daß man den beim Umlauf links liegenden Teil als Inneres bezeichnet. Durch das Datenformat nach Bild

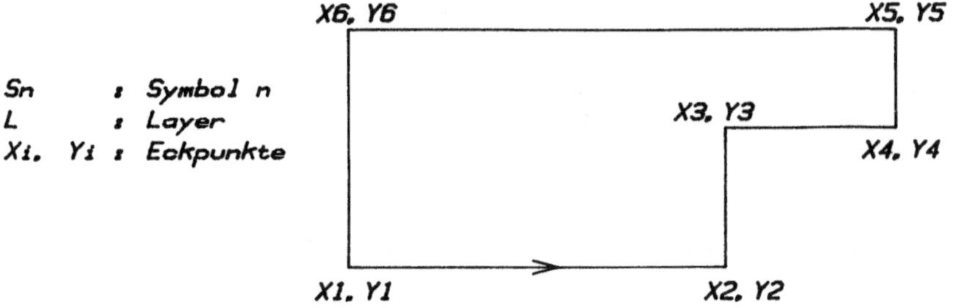

Bild 3.1   Datenformat und Abbildung eines Polygons

3.1 lassen sich noch keine Löcher in Masken beschreiben.   Dies geschieht entweder dadurch, daß man erlaubt, daß ein Symbol durch mehrere Polygonzüge definiert werden darf (Bild 3.2 a), oder indem man selbstkreuzende Polygone zuläßt (Bild 3.2 b). Letzter Fall wird jedoch nicht von allen Design-Rule-Checkern korrekt gehandhabt.

3.1.1   LOGISCHE OPERATIONEN AUF LAYER

Um beim Polygon-orientierten Design-Rule-Check von der Methode des virtuellen Layers Gebrauch zu machen, benötigt man Verfahren, die logische Operationen auf Symbole durchführen. Als Operationen werden benötigt:

AND, NAND, OR, NOR, NOT

$Sn, L, X1, Y1, X2, Y2, \ldots, X6, Y6; X7, Y7, X8, Y8, X9, Y9, X10, Y10;$

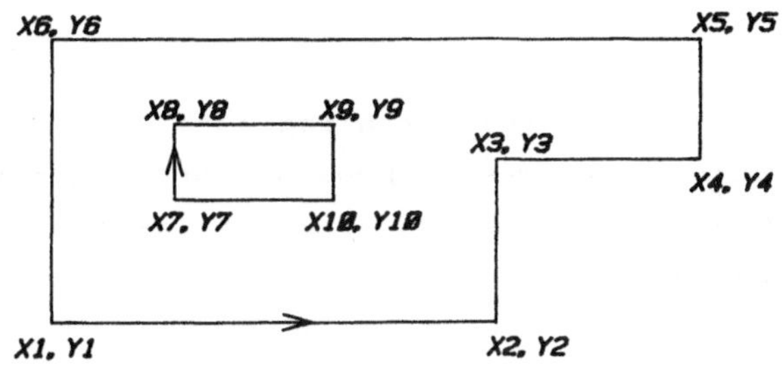

Bild 3.2 a)   Symbol aus 2 Polygonen

$Sn, L, X1, Y1, X2, Y2, \ldots, X14, Y14;$

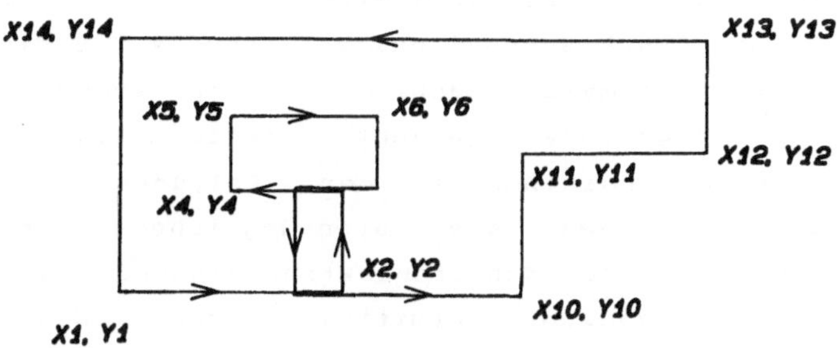

Bild 3.2 b)   Selbstkreuzendes Polygon

<u>Anwendungsbeispiel:</u>

Generiere Maskenebene für selbstleitenden Transistorkanal

Kurznotation: PDIc

Anmerkung:
wenn auch Cut vorhanden wäre, könnte es
sich um einen butting-contact handeln

Logischer Ausdruck: P.AND.D.AND.I.AND..NOT.C

Bild 3.3 zeigt die durch logische AND-, NAND-, OR- und NOR-Verknüpfung aus zwei Symbolen A und B gewonnenen virtuellen Layer. Die neu gewonnenen Layer werden ebenfalls durch Polygone dargestellt.

Im folgenden soll ein Algorithmus zur Erzeugung von virtuellen Layern durch logische Operationen auf Layer dargestellt werden /29/.

Zunächst werden alle x-Koordinaten der beteiligten Polygone in ansteigender Reihenfolge in einem File abgelegt. Wenn x-Koordinaten mehrfach vorkommen, so werden die Doppel eliminiert, und rechts und links von jeder x-Koordinaten wird jeweils im infinitesimalen Abstand e eine senkrechte Linie gezogen, Übergangslinie genannt, (Bild 3.4 a). Durch Berechnung der Schnittpunkte der Polygone mit diesen Übergangslinien werden die ursprünglichen y-Koordinaten zurückgewonnen. Bei der Schnittpunktsberechnung kann auch die Richtung des Polygonzuges ermittelt werden. Wenn z.B. von einem Übergangslinienpaar an einer bestimmten y-Koordinaten nur die rechte Linie geschnitten wird, so befindet sich die vom Polygon eingeschlossene Fläche rechts von der betreffenden x-Koordinate.

Ebenso läßt sich ermitteln, ob die Übergangslinie bei einer bestimmten y-Koordinate in Richtung wachsenden Ys in die vom Polygon umschlossene Fläche hineinläuft, oder ob sie herausläuft. Dies geschieht durch Abzählung der Schnittpunkte auf einer Übergangslinie. Wenn man davon ausgeht, daß der kleinste y-Wert der Übergangslinie außerhalb aller Symbole liegt, so bedeutet der erste Schnittpunkt mit dem Polygon einen Übergang ins Innere, der zweite einen Übergang ins Äußere des Polygonzuges. Allgemein: jeder (2n-1)-te Übergang geht ins Innere und wird positiv markiert, jeder 2n-te Übergang geht ins Äußere und wird negativ markiert. Die Ausführung logischer

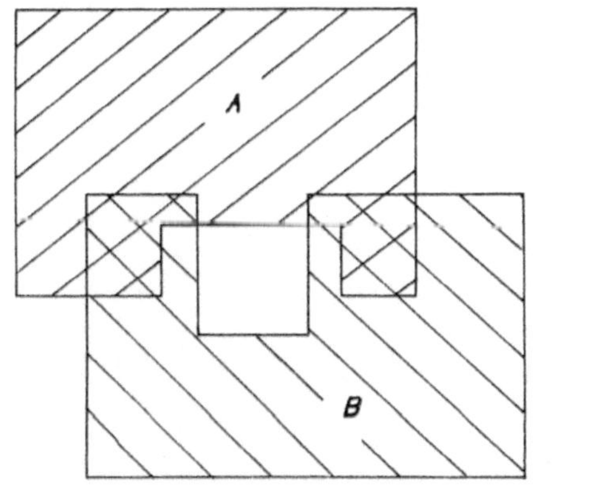

a) Symbole A und B

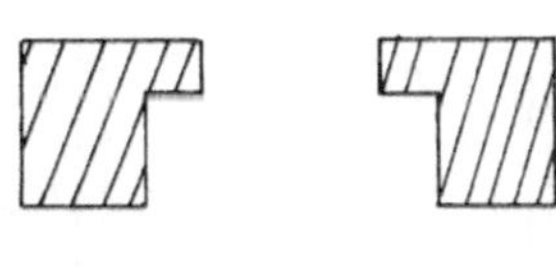

b) A . AND. B

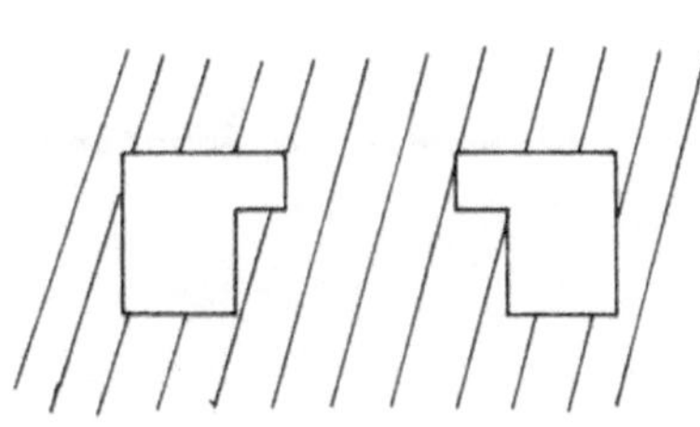

c) A . NAND. B

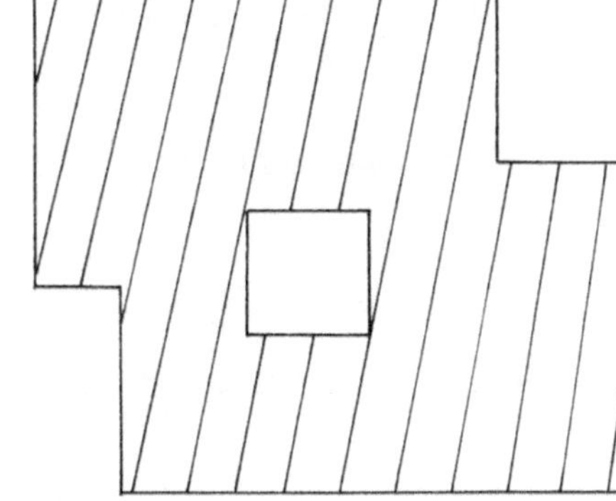

d) A . OR. B

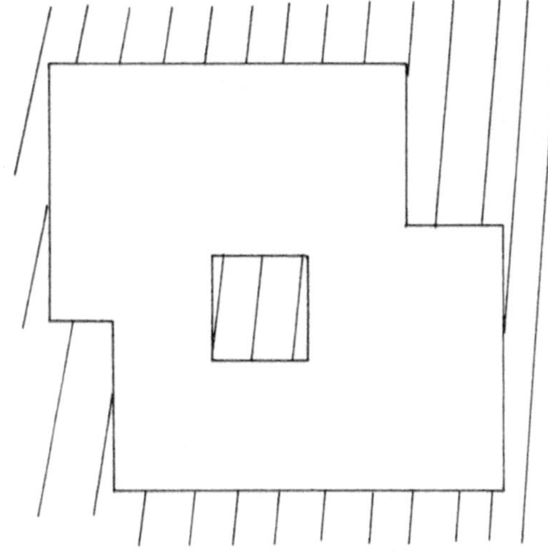

e) A . NOR. B

Bild 3.3 Logische Operationen auf Layer

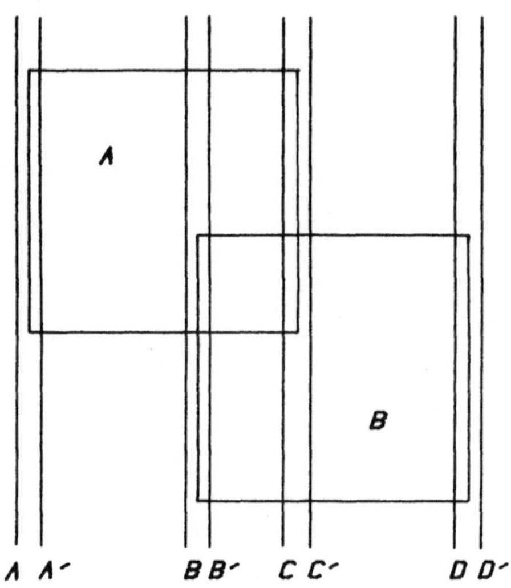

a) Übergangslinien

b) markierte Schnittpunkte

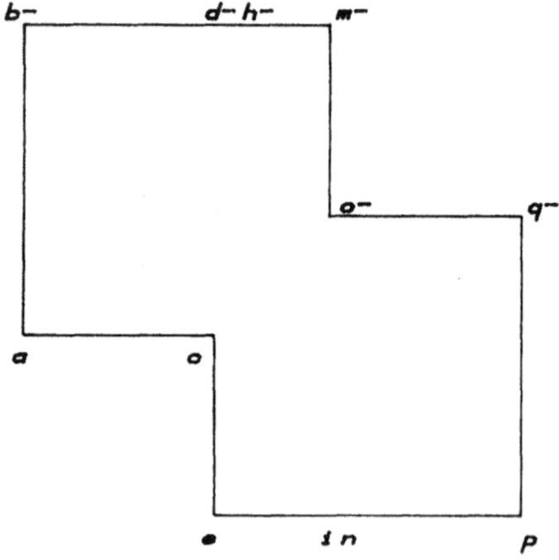

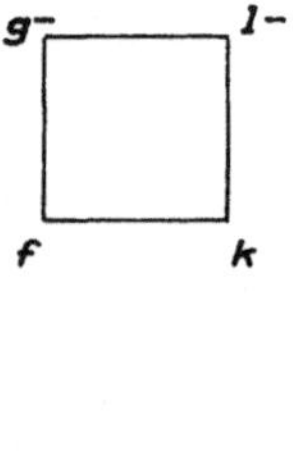

c) A .OR. B

d) A .AND. B

Bild 3.4   Methode zur Durchführung logischer Operationen auf Layer

Operationen auf eine oder mehrere Maskenebenen geschieht nun derart, daß die markierten Schnittpunkte aller beteiligten Ebenen in die Ergebnisebene, das Pseudo-Layer, transformiert und je nach Art der Operation Punkte gestrichen oder Markierungen invertiert werden (Bild 3.4). So werden z.B. bei der .OR. Operation die inneren Punkte gestrichen (z.B. f, g-, k, l-). Bei der .AND. Operation werden die äußeren Punkte gestrichen, und bei der .NOT. Operation werden die Markierungen invertiert.

Eine Rekonstruktion des Polygonzuges aus den Schnittpunkten ist möglich, da durch die Markierung der Punkte und durch die zwei benachbarten Übergangslinien bestimmt werden kann, in welchem Quadranten - bezogen auf den Schnittpunkt - sich die umschlossene Fläche befindet.

3.1.2 DESIGN-RULE-CHECK-ALGORITHMEN

3.1.2.1 VERGLEICH INNENLAGE

Der Vergleich Innenlage /26/ prüft, ob ein oder mehrere Symbole von Layer A vollständig innerhalb von Symbolen des Layers B liegen. Diese Prüfung ist zum Beispiel beim Cut und beim selbstleitenden Transistor notwendig. Der Cut muß vollständig innerhalb eines Symbols der Metallebene liegen, und der Kanal des selbstleitenden Transistors muß sich gänzlich innerhalb eines Symbols der Implantebene befinden. Der Vergleich Innenlage ist auch unter dem Aspekt des hierarchischen Entwurfs interessant, da hier die Forderung gestellt werden kann, daß aktive Elemente keine Zellengrenzen berühren dürfen. Die Überprüfung auf Innenlage läßt sich durch Überprüfung der Definition 3.2 durchführen (Bild 3.5):

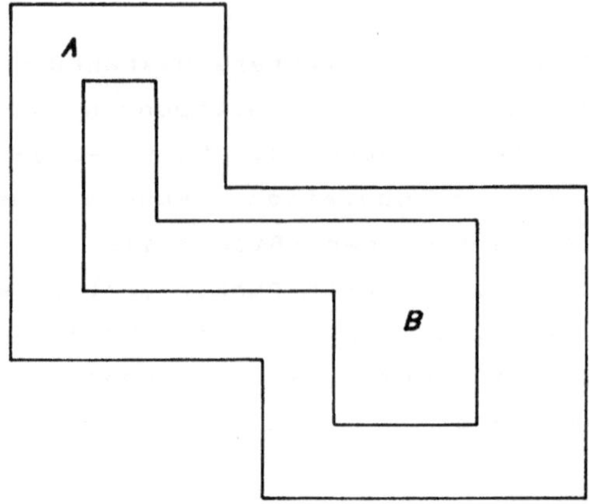

a) Innenlage

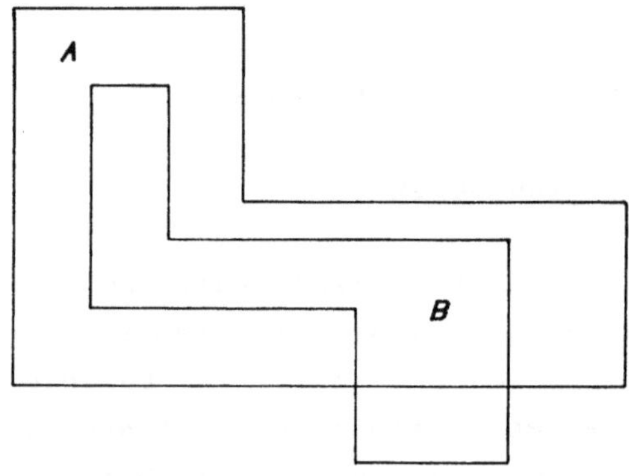

b) keine Innenlage

Bild 3.5   Vergleich Innenlage

<u>Definition 3.2</u>

Ein Symbol B liegt vollständig in einem Symbol A, wenn ein Eckpunkt von B in A enthalten ist und keine Kante von B eine Kante von A schneidet

Die Fragestellung, ob sich ein Punkt innerhalb eines Symbols befindet, läßt sich zurückführen auf die Frage, ob die Verbindungslinie zwischen diesem Punkt und einem Punkt, der mit Sicherheit außerhalb des Symbols liegt, eine ungeradzahlige Anzahl von Schnittpunkten mit dem Polygonzug hat (Bild 3.6).

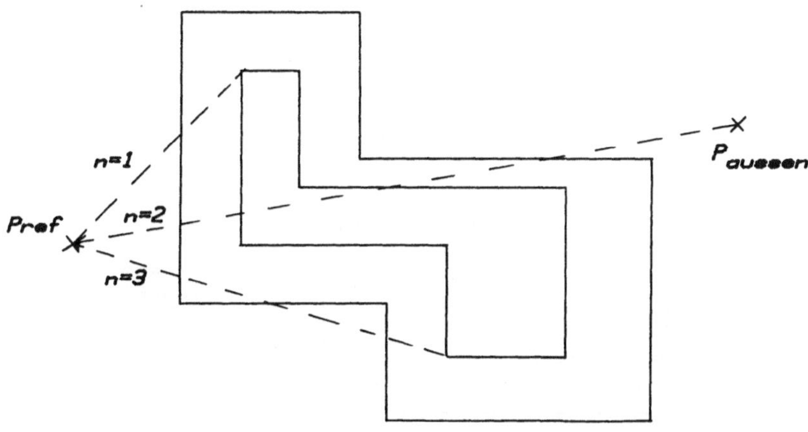

Bild 3.6   Test Punkt Innenlage

Es zeigt sich also, daß die Ermittlung der Anzahl von Schnittpunkten zwischen Geraden und Polygonzügen ein ganz wichtiges Problem bei der Entwurfskontrolle ist. Deshalb wird in Abschnitt 3.1.2.2 ein Algorithmus zur Lösung dieser Problemstellung behandelt werden.

Die Überprüfung auf Innenlage muß beim Design-Rule-Check in der Regel auch die Überprüfung eines gegebenen Mindestabstands des inneren Symbols zum äußeren Symbol beinhalten. So muß z.B. jeder Cut von mindestens 1 Lambda Metall umgeben sein. Diese Überprüfung geschieht durch das Expandieren des inneren Symbols um den Mindestabstand oder durch Schrumpfung des äußeren Symbols um den Mindestabstand und anschließende Überprüfung auf Innenlage (Bild 3.7).

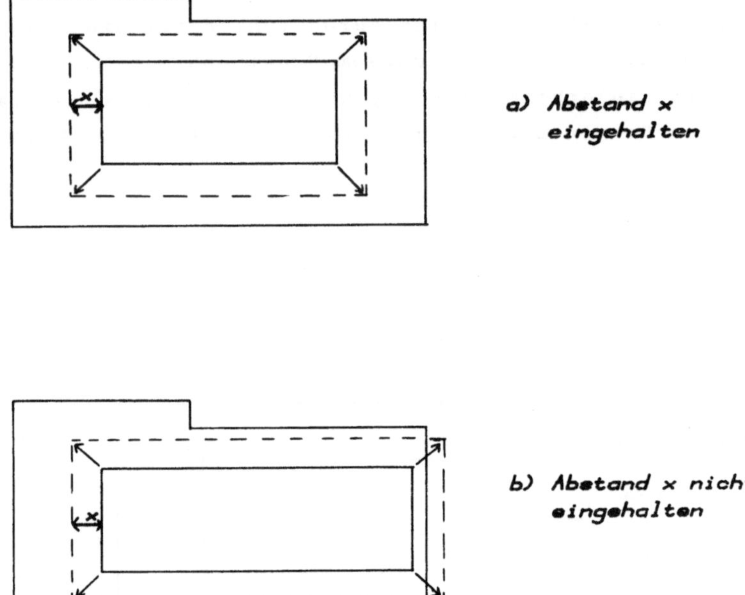

Bild 3.7   Innenlage mit Mindestabstand

Auf die besondere Problematik des Expandierens   bzw.   des Schrumpfens wird in Abschnitt 3.1.2.3 gesondert eingegangen.

3.1.2.2   SCHNITTPUNKTSERMITTLUNG

Wegen der in der Einleitung erwähnten Komplexität der integrierten   Schaltungen   ist   insbesondere   bei   dieser Problemstellung auf die Effizienz des verwendeten Verfahrens zu achten.   Wenn   die   Anzahl der Symbole eines Layouts n sei, so stellt   nach /21/ eine Komplexität von   O(n log   n)   die Untergrenze der zu erreichenden Komplexität dar, da es Sortier- und Vergleichsalgorithmen gibt, die diese Komplexität besitzen. Die Bedeutung   von Sortieralgorithmen für CAD-Hilfsmittel wird in diesem Kapitel noch behandelt. Die Obergrenze würde sich zu O(n*n) ergeben, wenn man jede Gerade mit jeder Geraden überprüfen müßte. Um die Untergrenze der Komplexität zu erreichen, muß man Algorithmen anwenden, die den Vergleich, ob sich zwei Geraden schneiden, nur zwischen Geraden durchführen, die sich gleichzeitig in einem bestimmten Beobachtungsraum befinden. Hierzu ist ein vorheriges Sortieren der Symbole nach aufsteigender x-Koordinate notwendig. Im folgenden wird ein Verfahren vorgestellt, welches die Existenz von Schnittpunkten zwischen horizontalen und vertikalen Geraden feststellt. Ein Algorithmus zur Ermittlung der Schnittpunkte beliebiger Geraden wird in /6/ behandelt. Die hier gemachte Einschränkung auf orthogonale Strukturen steht in Einklang mit dem vorgeschlagenen Entwurfsstil.

Bei der Schnittpunktsermittlung orthogonaler Strukturen sind zwei Fälle zu unterscheiden:

1. Eine vertikale und eine horizontale Gerade kreuzen sich
2. Zwei vertikale oder zwei horizontale Geraden überlappen sich

Der folgende Algorithmus ist eine Lösung des ersten Problems. Jede vertikale Gerade sei durch ihre x-Koordinate x(A) und die y-Koordinaten ihres oberen und unteren Endpunkts, top(A), bot(A), bestimmt. Jede horizontale Gerade wird entsprechend durch ihre y-Koordinate y(B) und ihren linken und rechten Endpunkt, left(B), right(B), dargestellt. Diese Koordinaten seien in einer Datenstruktur M gespeichert. Man läßt nun eine vertikale Linie (scan-line) von links nach rechts durch M fahren und übernimmt horizontale Elemente von M dann in eine zweite Datenstruktur R, wenn die vertikale Linie deren linken Endpunkt erreicht. Wenn die vertikale Linie den rechten Endpunkt einer Geraden erreicht, wird das Element aus R gestrichen. Wenn die vertikale Linie eine vertikale Gerade erreicht, wird geprüft, ob diese ein Element aus R schneidet. Durch dieses Verfahren wird die Anzahl der

Schnittpunktsüberprüfungen minimal, da nicht jede Gerade mit
jeder Geraden verglichen zu werden braucht. Ein Schnittpunkt
wird dann festgestellt, wenn bot(A) <= Y(B) <= top(A), wobei A
eine vertikale Gerade an der Position der scan-line und B ein
Element aus R ist (Bild 3.8).

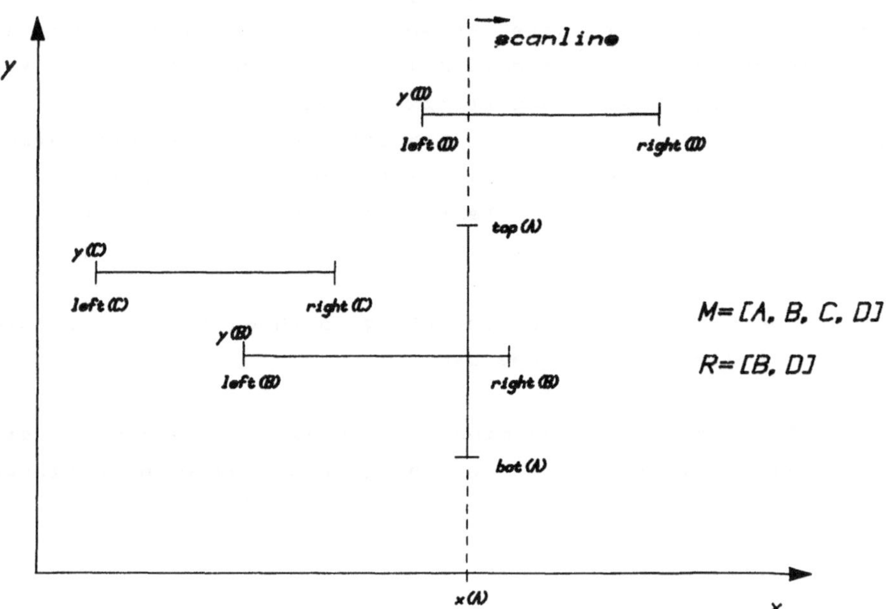

Bild 3.8   Schnittpunktsermittlung orthogonaler Geraden

Der Schnittpunkt selbst ergibt sich zu x(A), y(B). Dieses
Verfahren beantwortet nicht nur die Frage, ob sich Geraden
schneiden, sondern auch wieviele Schnittpunkte es gibt. Um das
Ein- und Austragen der Elemente von M in bzw. aus R zu
beschleunigen, kann eine Datenstruktur Q angelegt werden, die
die Elemente von M in sortierter Form enthält.

Im folgenden wird eine Algol-ähnliche Beschreibung des
Algorithmus gegeben:

ALGORITHMUS 3.1

```
Q: nach steigendem x sortierte Menge aller Geraden.
   Die x-Werte sind einzelnen Geraden zugeordnet und der-
   art markiert, daß man erkennen kann, ob es sich um x-
   Koordinaten von vertikalen oder um linke bzw. rechte
   Endpunkte horizontaler Geraden handelt.

R: nach steigendem y sortierte Menge aller horizontalen
   Geraden, die eine wandernde vertikale Linie schneiden.

A, B: Hilfsvariablen

FOREACH Koordinate p in Q DO
    IF p ist linker Endpunkt einer horizontalen Geraden S
       THEN füge S in R ein
       ELSE IF p ist rechter Endpunkt einer horizontalen
               Geraden S
               THEN lösche S aus R
               ELSE (* p ist x-Koordinate einer vertikalen
                       Geraden S *)
                   A: = bot(S)
                   B: = top(S)
                   FOREACH Gerade T in R DO
                       IF A <= y(T) <= B
                           THEN melde Schnittpunkte.
```

Die zweite oben aufgeführte Möglichkeit, nämlich daß sich zwei horizontale bzw. vertikale Geraden überlappen, soll im folgenden untersucht werden. Der aufgezeigte Algorithmus kann in gleicher Weise für vertikale und für horizontale Geraden eingesetzt werden. Wir beschränken uns also auf das Problem zweier sich überlappender horizontaler Geraden. Um bei der Lösung eine geringe Komplexität zu erhalten, ist es auch hier erforderlich, einen Weg zu finden, der nicht auf dem naiven

Vergleich aller Geraden mit allen Geraden beruht. Vielmehr soll das oben vorgestellte Verfahren zur Schnittpunktsermittlung verändert werden. Wieder gehen wir von einer sortierten Menge aller x-Koordinaten der horizontalen Geraden aus, und wieder wollen wir eine vertikale Linie von links nach rechts über die Koordinatenebene laufen lassen. Auch hier wird bei Erreichen des linken Endpunkts einer Geraden diese in eine Datenstruktur R übernommen, d.h., ihre y-Koordinate wird in R eingetragen. R sei nach steigendem y sortiert. Bei jedem Neueintrag wird überprüft, ob der entsprechende y-Wert bereits in R steht, und wenn dies der Fall ist, so wird eine Überlappung angezeigt.

Wenn die scan-line den rechten Endpunkt einer Geraden erreicht, so wird die entsprechende Gerade aus R gestrichen (Bild 3.9).

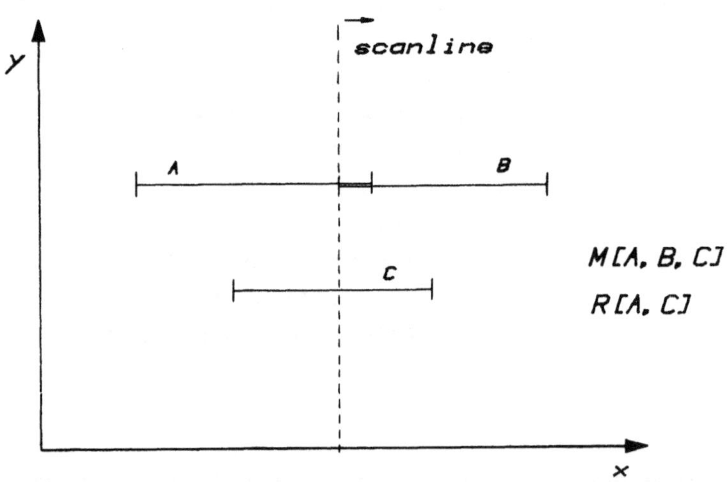

Bild 3.9   Auffinden von Überlappungen horizontaler Geraden

<u>ALGORITHMUS 3.2</u>

Q: nach steigendem x sortierte Menge aller horizontalen
   Geraden, die x-Werte sind derart markiert, daß die
   Zugehörigkeit zu einer bestimmten Geraden und die
   Bedeutung des Punkts (left(A), right(A)) erkennbar
   sind.

R: nach steigendem y sortierte Menge aller horizontalen
   Geraden, die eine wandernde vertikale Linie schneiden.

```
FOREACH Koordinate p in Q DO
    IF p ist linker Endpunkt einer horizontalen Geraden S
        THEN
            IF y(S) in R
                THEN melde Überlappung;
            Füge S in R
        ELSE lösche S aus R (* rechter Eckpunkt *)
```

3.1.2.3   SCHRUMPFEN UND EXPANDIEREN VON SYMBOLEN

Wie bereits gezeigt, dient die Methode des Schrumpfens
bzw. Expandierens der Überprüfung, ob bestimmte
Mindestabmessungen eingehalten wurden. So läßt sich durch
Expandieren von Symbolen um deren halben vorgeschriebenen
Mindestabstand feststellen, ob dieser Abstand zu
Nachbarsymbolen eingehalten wurde (Bild 3.10).

Wenn sich auf dem expandierten Layer Polygonzüge kreuzen,
die sich auf dem nicht expandierten Layer nicht gekreuzt haben,
so liegt eine Design-Rule-Verletzung vor.

Als weitere Regel läßt sich die Mindestbreiteregel
überprüfen, indem alle Symbole des betreffenden Layers um die
halbe Mindestbreite geschrumpft werden (Bild 3.11). Hier liegt
eine Design-Rule-Verletzung vor, wenn sich nach dem Schrumpfen

Geraden schneiden, die sich vorher nicht geschnitten haben.

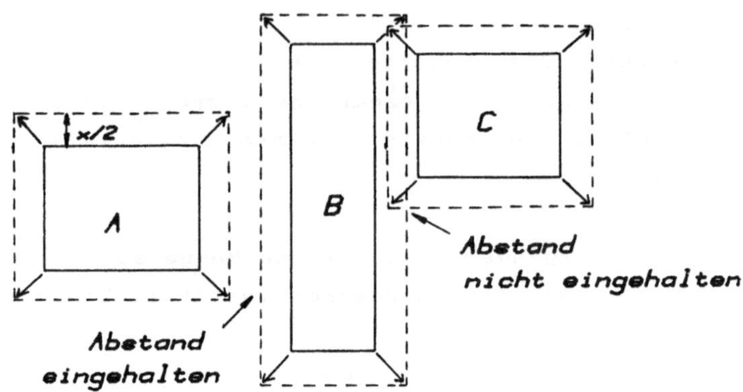

Bild 3.10   Mindestabstandsüberprüfung durch Expandieren

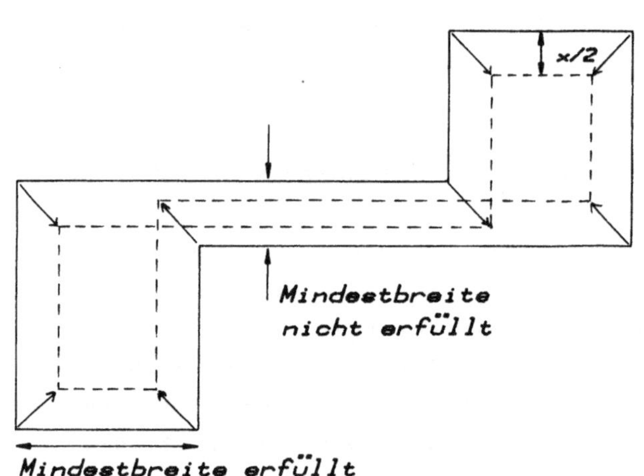

Bild 3.11   Mindestabstandsüberprüfung durch Schrumpfen

Auch die Mindestüberlappungsregel läßt sich durch Schrumpfen überprüfen, indem die überlappenden Symbole um die Mindestüberlappung geschrumpft werden (Bild 3.12).

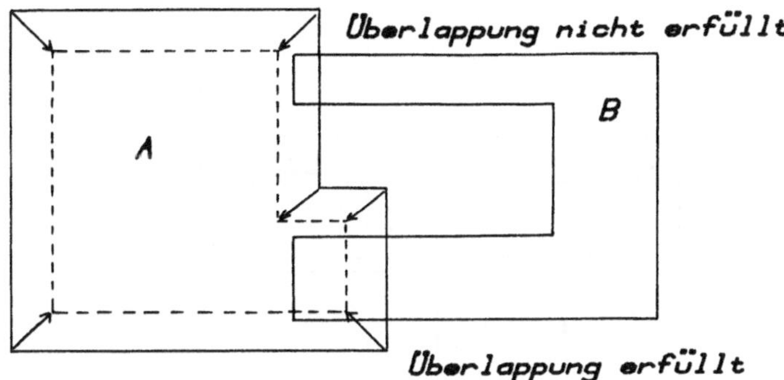

Bild 3.12   Mindestüberlappungsprüfung durch Schrumpfen

Vor diesen Überprüfungen sind einige pathologische Fälle
zu beachten.

Oft sind die einzelnen Symbole vom Designer nicht als
Polygonzüge definiert, sondern aus Rechtecken zusammengesetzt
(Bild 3.13).

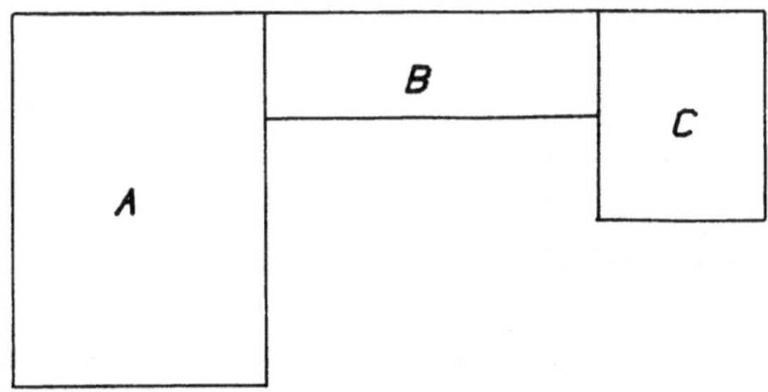

Bild 3.13   Zusammengesetztes Symbol

Diese Symbole müssen vor dem Schrumpfen bzw. Expandieren
zu einem Symbol zusammengefaßt werden, was mit der in Abschnitt
3.1.1 beschriebenen .OR. Funktion möglich ist. Die
Notwendigkeit hierzu wird am Beispiel nach Bild 3.14 noch
deutlicher.

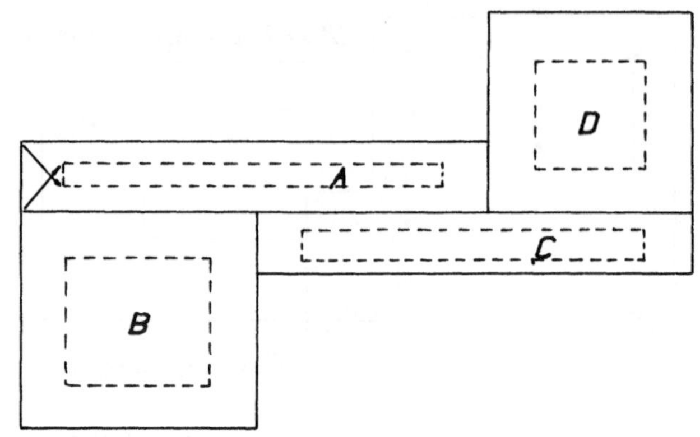

a)   Zusammengesetztes Symbol

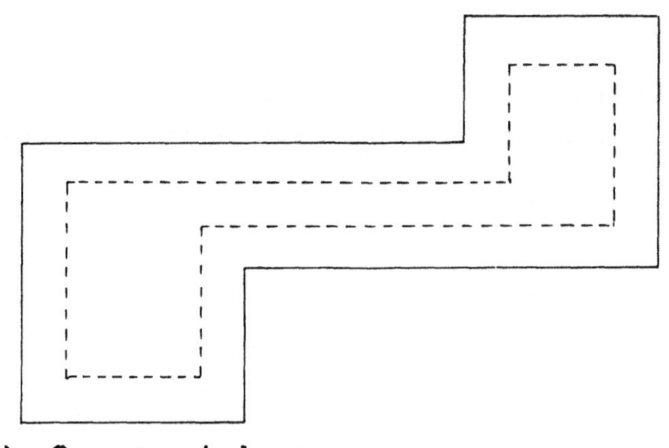

b)   Gesamtsymbol

Bild 3.14   Schrumpfen bei zusammengesetzten Symbolen

Beim zusammengesetzten Symbol nach Bild 3.14a sind z.B. bei Symbol A nach dem Schrumpfen die Ober- und Unterkante vertauscht. Dies müßte als Design-Rule-Verletzung erkannt und gemeldet werden, obwohl das Gesamtsymbol die geforderte Mindestbreite besitzt.

Der Vorgang des Schrumpfens kann derart vorgenommmem werden, daß die x- und y-Koordinate der Eckpunkte des Polygons um den Schrumpfungsbetrag in Richtung des Inneren des Symbols verlegt werden (Bild 3.15). Es wurde bereits gezeigt, daß es möglich ist, zu bestimmen, in welchen Quadraten, bezogen auf einen Eckpunkt, das Innere des Symbols liegt.

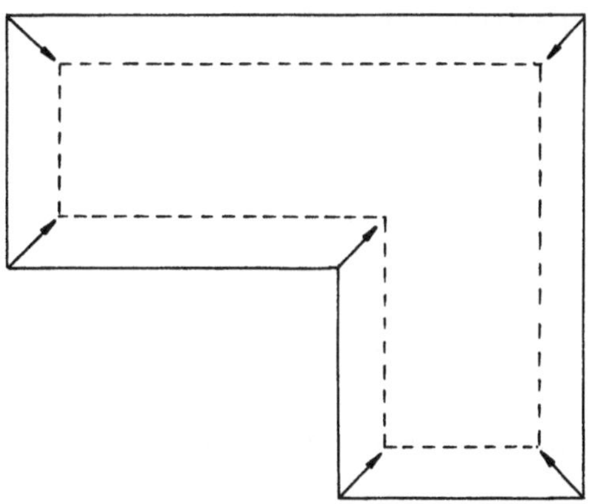

Bild 3.15   Schrumpfen

Als Sonderfall sei der Fall betrachtet, daß ein rechteckiges Symbol geschrumpft wird (Bild 3.16). Bei dem Schrumpfen von Rechtecken ergeben sich keine neuen Schnittpunkte zwischen Geraden, sondern es ändert sich bei zu kleinen Symbolen der Umlaufsinn des Polygons, d.h., nach der Definition des Inneren eines Symbols besteht das Innere des geschrumpften Symbols nach Bild 3.16b aus der in Bild 3.16c schraffierten Fläche. Um also durch Schrumpfen festzustellen, ob ein Symbol eine bestimmte Mindestbreite einhält, müssen nach dem Schrumpfen zwei Fragen beantwortet werden:

1. Gibt es in der betreffenden Maskenebene Überschneidungen
   zwischen Geraden desselben Symbols?

2. Hat sich der Umlaufsinn irgendeines Polygons geändert?

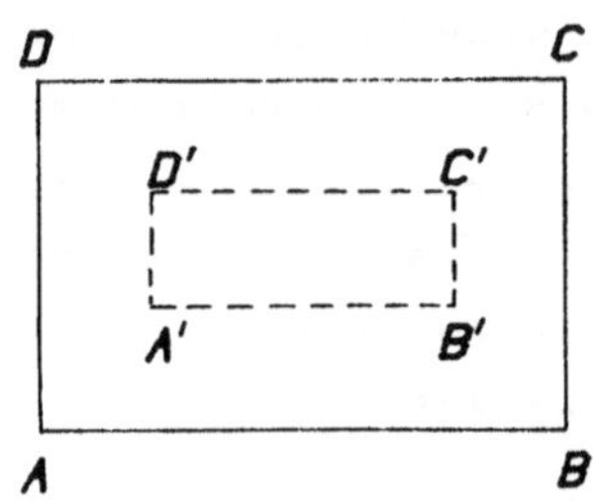

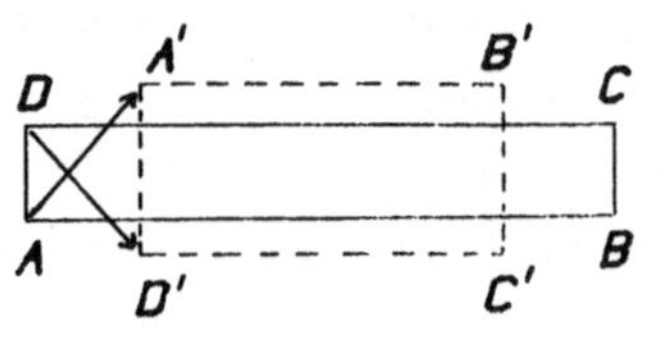

a) Mindestbreite erfüllt   b) Mindestbreite nicht erfüllt

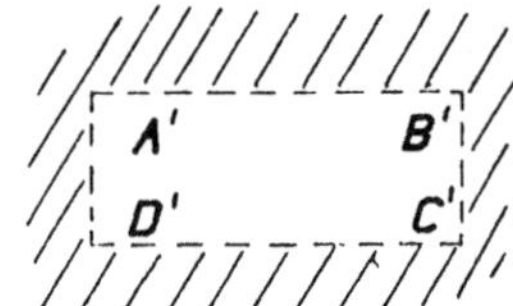

c) Inneres des geschrumpften Rechteckes

Bild 3.16   Schrumpfen von Rechtecken

Wenn beide Fragen verneint werden können, so liegt keine Mindestbreitenverletzung vor.

Die Bestimmung des Umlaufsinns eines Polygons läßt sich nach folgendem Algorithmus vornehmen:

1. Man suche die Eckpunkte des Symbols mit den kleinsten x-Koordinaten, ohne die Reihenfolge der Punkte zu verändern.

2. Unter diesen suche man denjenigen mit der kleinsten y-Koordinate, wiederum unter Beibehaltung der Reihenfolge der Punkte. Diesen Punkt nennen wir Startpunkt.

3. Wenn der auf den Startpunkt unmittelbar folgende Punkt die gleiche y-Koordinate besitzt, so liegt der positive

Umlaufsinn (gegen den Uhrzeigersinn) vor. Hat der Folge-
punkt jedoch die gleiche x-Koordinate, dann liegt der
negative Umlaufsinn (Uhrzeigersinn) vor (Bild 3.17).

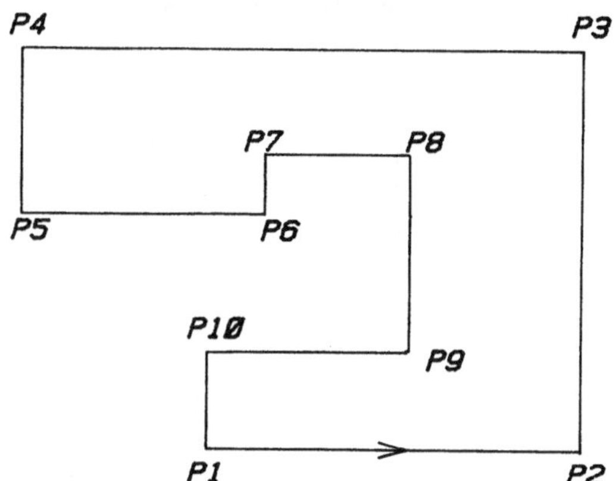

Bild 3.17   Ermittlung des Umlaufsinns

3.1.2.4   PROBLEMATIK DES EXPANDIERENS

Bei Anordnungen von Rechtecken nach Bild 3.10 läßt sich
die Einhaltung der Abstandsregel ohne Schwierigkeit überprüfen.
Sind die Symbole jedoch gemäß Bild 3.18 angeordnet, so lassen
sich durch Expandieren verschiedene Symbole erzeugen (Bild
3.19), abhängig von der Definition der Expansion.

Nach Bild 3.19a wird jedes Symbol in allen Richtungen um
exakt x/2 vergrößert (euklidische Expansion). Nachteil
dieser Expansionsart ist natürlich die schwierige Darstellung

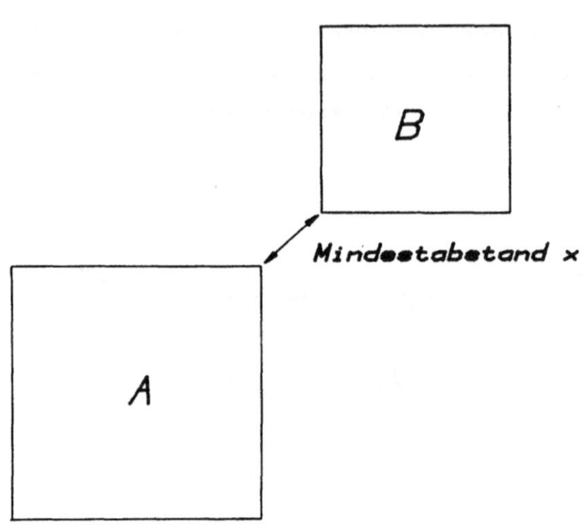

Bild 3.18   Mindestabstand zwischen Ecken

und Berechnung des Kreissegments. Aus diesem Grund wird in der Praxis oft eine Expansion nach Bild 3.19b durchgeführt. Hier werden allerdings falsche Fehlermeldungen erzeugt, wenn der Abstand der Eckpunkte zwar größer als x, jedoch kleiner als SQRT(2)*x ist. Der Designer wird bei "kleinen Design-Rules", also bei Regeln, die einen Abstand von 1, 2 oder 3 Lambda vorschreiben, einen diagonalen Abstand von SQRT(2)*x wählen, um Fehlermeldungen zu vermeiden. Dies ist sowieso notwendig, wenn das Layout in einem Lambda-Raster erzeugt wird.

Bei bestimmten Prozessen werden jedoch Design-Rules bis zu ca. 20 Lambda verwendet. Der Designer kann durch Einhaltung des Minimalabstands von n Lambda eine Abstandsersparnis Delta nach Gleichung 3.1 erzielen.

$$Delta = n * (SQRT(2)-1)$$

(Gl. 3.1)

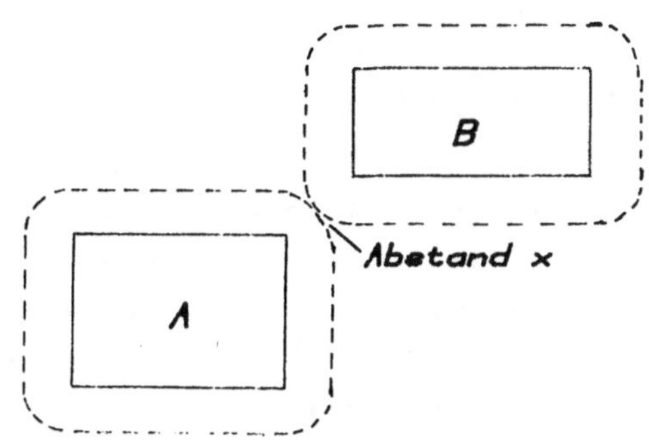

a)   Euklidische Expansion

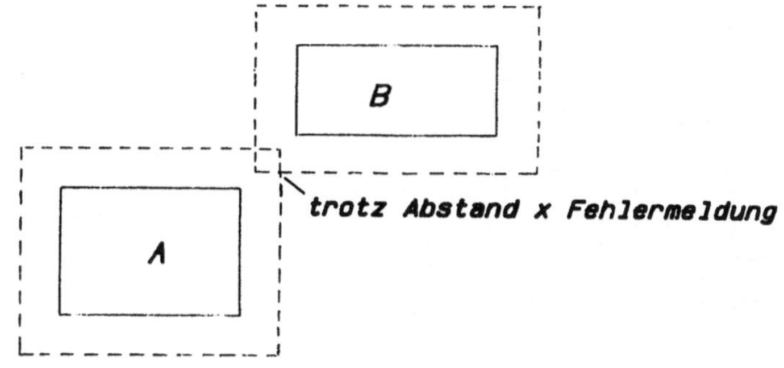

b)   Expansion zum Rechteck mit Fehlermeldung

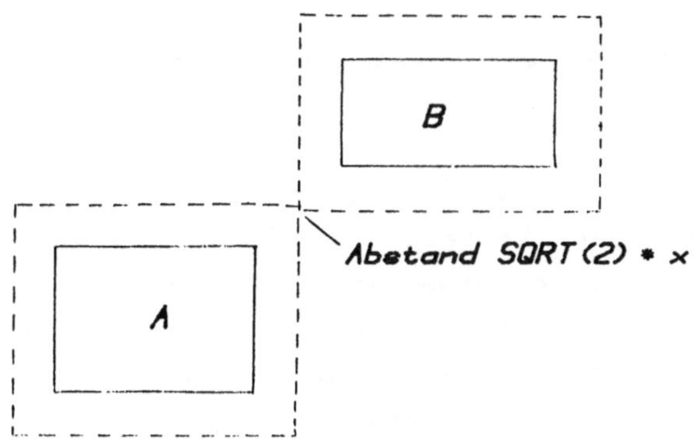

c)   Expansion zum Rechteck ohne Fehlermeldung

Bild 3.19   Expansionsverfahren

3.2 Raster-orientierter Design-Rule-Check

Der Raster-orientierte Design-Rule-Check beruht auf einer Pixed-Darstellung (Picture Element) des Layouts, d.h., jedes 1 Lambda * 1 Lambda Quadrat des Layouts wird durch ein Datenwort repräsentiert. Die Bits des Worts entsprechen den verschiedenen Maskenebenen (Bild 3.20).

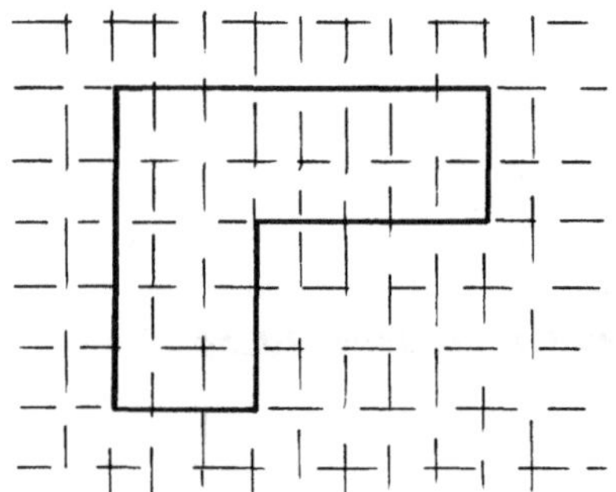

a) Layout   b) Pixel-Darstellung einer Ebene

Bild 3.20   Layout-Raster und Pixel-Darstellung

Diese Darstellungsform bietet gegenüber der Polygon-Darstellung den Vorteil, daß zur Bearbeitung keine arithmetischen Operationen notwendig sind /8/. Ein Nachteil ist, daß bei einem voll expandierten Layout der Speicherbedarf nach empirischen Ermittlungen etwa viermal so groß ist wie bei der Polygondarstellung (die hierarchische Struktur wurde voll aufgelöst, d.h., wenn eine Zelle n-mal aufgerufen wurde, so belegt sie auch den n-fachen Speicherplatz). Dieser Nachteil wird jedoch durch die wesentlich schnellere Abarbeitung und den steigenden verfügbaren Arbeitsspeicher oder virtuellen Adreßraum der Maschinen aufgehoben. Als weitere Besonderheit

lassen   sich   relativ   einfache   Design-Rule-Checker-Maschinen
entwerfen,   die   den   sonst   teilweise   CPU-Stunden   dauernden
Software   Design-Rule-Check   in   wenigen   Sekunden   durchführen
(Abschn.   3.2.4).

3.2.1 LOGISCHE OPERATIONEN AUF LAYER

Die   Pixed-Darstellung   ermöglicht   eine   sehr   einfache
Durchführung   von   logischen   Operationen   auf Layer, da direkt
Boole'sche Operationen   auf   das   Bitmuster   angewendet   werden
können.   Hier   bietet   sich   die Anwendung einer hardwarenahen
Programmiersprache an, z.B.   "C" /25/.

Die beim Polygon-orientierten Design-Rule-Check notwendige
.OR.-Verknüpfung   aller   Symbole   eines Layers ergibt sich beim
Raster-orientierten   Design-Rule-Check   von   selbst,   da   eine
Darstellung einzelner Symbole nicht mehr vorliegt.

Die   Ausblendung   einzelner   Layer   geschieht   durch   die
.AND.-Operation mit einer Maske.

<u>Beispiel:</u> Ausblendung von Masken

Die Layer entsprechen den Bits eines Datenwortes gemäß der
Zuordnung nach Tabelle 3.1

Bit	Layer	Kurzname
0	Error	E
1	Poly	P
2	Diffusion	D
3	Metal	M
4	Cut	C
5	Implant	I
6	Glas	G
7	-	-
8	Buried	B
9-15	-	-

Tabelle 3.1   Zuordnung Layer-Datenbit

D.h. P1 = 0010 0110

bedeutet ein Pixel des Kanals eines selbstleitenden Transistors

M1 = 0000 0100 ist die Maske zur Ausblendung der Diffusionsebene

P1.AND.M1 = 0000 0100

P2 = 0001 1000 ist ein Pixel eines Cuts. Hier ergibt sich die Operation zu:

P2.AND.M1 = 0000 0000

Diese Einfachheit der Operationen, die sich auch zum Erstellen von virtuellen Layern ausnutzen läßt, ist der Hauptvorteil des Raster-orientierten Design-Rule-Checks.

Zur Darstellung virtueller Layer dienen die freigebliebenen Bits aus Tabelle 3.1 bzw. die Bits eines zweiten Datenworts für ein Pixel.

Beispiel: virtuelles Layer

Bit 7 = virtuelles Layer DPI

Berechnung des virtuellen Layers:

FOREACH Pixel p DO

Bit 7 (p) := Bit 1 (p) .AND. Bit 2 (p) .AND. Bit 5 (p);

Bit 0 ist für ein Error-Layer reserviert, in welches der Design-Rule-Checker bei Auffinden eines Fehlers eine EINS einträgt. Es ist also möglich, durch Ausplotten dieses Layers eine graphische Kontrollausgabe mit genauer Fehlerlokalisierung zu erzeugen.

3.2.2 DESIGN-RULE-CHECK-ALGORITHMEN

Wie zu Beginn von Kapitel 3 erläutert, lassen sich alle Design-Rules auf die Form

LAYER A SEPARATED BY N LAMBDA OF LAYER S FROM LAYER B

vereinfachen. Diese Form der Design-Rule-Definition ist sehr gut geeignet für die Bearbeitung durch einen Pixel-orientierten Design-Rule-Check, da sowohl der Mindestabstand N Lambda auf Layer "S" als auch die Darstellung des Layouts auf das Toleranzmaß Lambda bezogen sind. Bild 3.21 zeigt die Kurznotation eines Cuts in Raster-Darstellung.

```
mc   mc   mc   mc   mc   mc

mc   Mc   Mc   Mc   Mc   mc

mc   Mc   MC   MC   Mc   mc

mc   Mc   MC   MC   Mc   mc

mc   Mc   Mc   Mc   Mc   mc

mc   mc   mc   mc   mc   mc
```

Bild 3.21   Raster-Kurznotation eines Cuts

Die Design-Rules sind lokale Regeln , d.h., man braucht nur die unmittelbare Umgebung eines Punkts zu untersuchen. Die notwendige Ausdehnung dieses Fensters hängt von dem Abstand N der Layoutregeln ab (s. oben). Bei NMOS Design Regeln nach /9/ ist N maximal 3 (Breite von Metalleitungen, Abstand zweier Metalleitungen). Die Kantenlänge des Betrachtungsfensters, welches zur Identifizierung eines Fehlers notwendig ist, ist N+1, so daß sich mit einem 4*4 Lambda Fenster alle Design-Rules nach /9/ überprüfen lassen. Da der Design-Rule-Checker Regelverletzungen erkennen soll, liegt das Prinzip des Raster-orientierten Design-Rule-Checkers im Vergleich des Layouts mit der Menge aller Regelverletzungen, die innerhalb eines Fensters auftreten können. Das Beispiel des Mindestabstands zweier Metalleitungen möge die Überlegungen zur notwendigen Fenstergröße erläutern (Bild 3.22).

```
M     M     M     M

m     m     m     M

m     m     m     M

M     m     m     m
```

Bild 3.22   Design-Rule-Verletzung: Metallabstand

    Betrachtet sei das linke untere Pixel. An dieser Stelle
ist die Metallmaske vorhanden, in den rechten und oberen
Nachbarpixeln aber nicht, d.h., es handelt sich um einen
Übergang von einer metallisierten Fläche auf eine nicht
metallisierte Fläche. Die Design-Rules besagen, daß mindestens
drei Lambda nicht metallisierte Fläche folgen müssen, bevor
wieder eine metallisierte Fläche kommt. Sind die beiden
Metallflächen nur durch zwei Lambda getrennt, so liegt eine
Design-Rule-Verletzung vor, d.h., Bild 3.22 stellt eine der
möglichen Design-Rule-Verletzungen dar. Hier ist unter anderem
auch der Abstand des linken unteren zum rechten oberen Pixel zu
gering. Bild 3.23 zeigt ein Muster (reference pattern),
welches das Design nur auf diese diagonale
Design-Rule-Verletzung überprüft.

```
        m     m     m     M

        m     m     m     m

        m     m     m     m

        M     m     m     m
```

Bild 3.23 Design-Rule-Verletzung: Metallabstand diagonal

    Der Abstand zwischen linkem unteren und rechtem oberen
Pixel beträgt:

            2*SQRT(2) Lambda = 2.83 Lambda

Der Design-Rule-Checker meldet hier also zu Recht einen Fehler.
Die meisten Regeln benötigen nur ein N von 1 oder 2, so daß
hierfür ein Fenster von 2*2 bzw. 3*3 Lambda genügt. Dieses
Fenster wird gemäß Bild 3.24 über das gesamte Layout geschoben,
wobei es bei jedem Schritt um ein Lambda nach rechts bzw. am
Zeilenende um ein Lambda nach oben und an den Anfang der Zeile
versetzt wird.

    Die Problematik des Pixel-orientierten Design-Rule-Checks
liegt darin, daß sämtliche Fehlermöglichkeiten durch
Referenzmuster vertreten sein müssen. Als Beispiel sei eine
symmetrische Abstandsregel

    Layer A separated by 2 Lambda of Layer S from Layer A

betrachtet. Bild 3.25 zeigt für alle möglichen Fehler die
zugehörigen Referenzmuster. Da das Fenster durch Verschieben
um jeweils ein Lambda über das gesamte Layout geschoben wird,
brauchen Referenzmuster, die nicht die volle Größe des Fensters

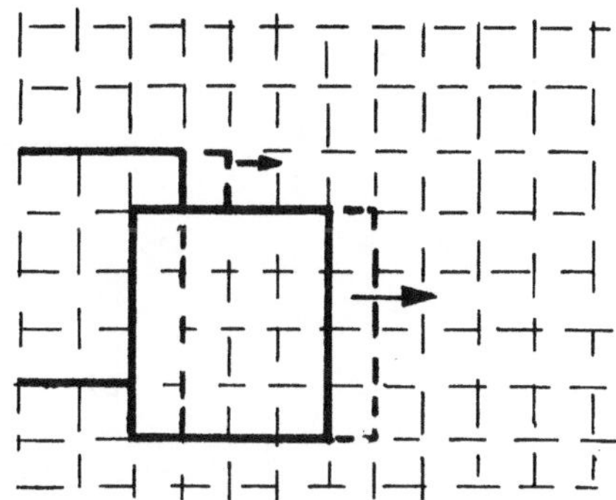

Bild 3.24   DRC-Scan

benötigen, nur einmal als Referenzmuster vorzuliegen. Sie werden in die linke untere Ecke des Fensters justiert.

Am Beispiel nach Bild 3.25 werden folgende Punkte deutlich:

1. Referenzmuster lassen sich durch Drehen und Spiegeln aus bereits bestehenden Referenzmustern gewinnen.

2. Der Nachweis der Vollständigkeit von Referenzmustersätzen ist schwierig.

3. Symmetrische Regeln mit einem N von 1 lassen sich nicht überprüfen, da beim Referenzmuster die Breite der Separatoren auf 0 Lambda schrumpft. Die beiden zu trennenden Flächen würden verschmelzen.

   Anmerkung: Wegen der physikalischen Bedeutung des Toleranzmaßes Lambda treten solche Fälle nicht auf.

Bei unsymmetrischen Design-Rules vom Typ

Layer A Separated by N Lambda of Layer S from Layer B

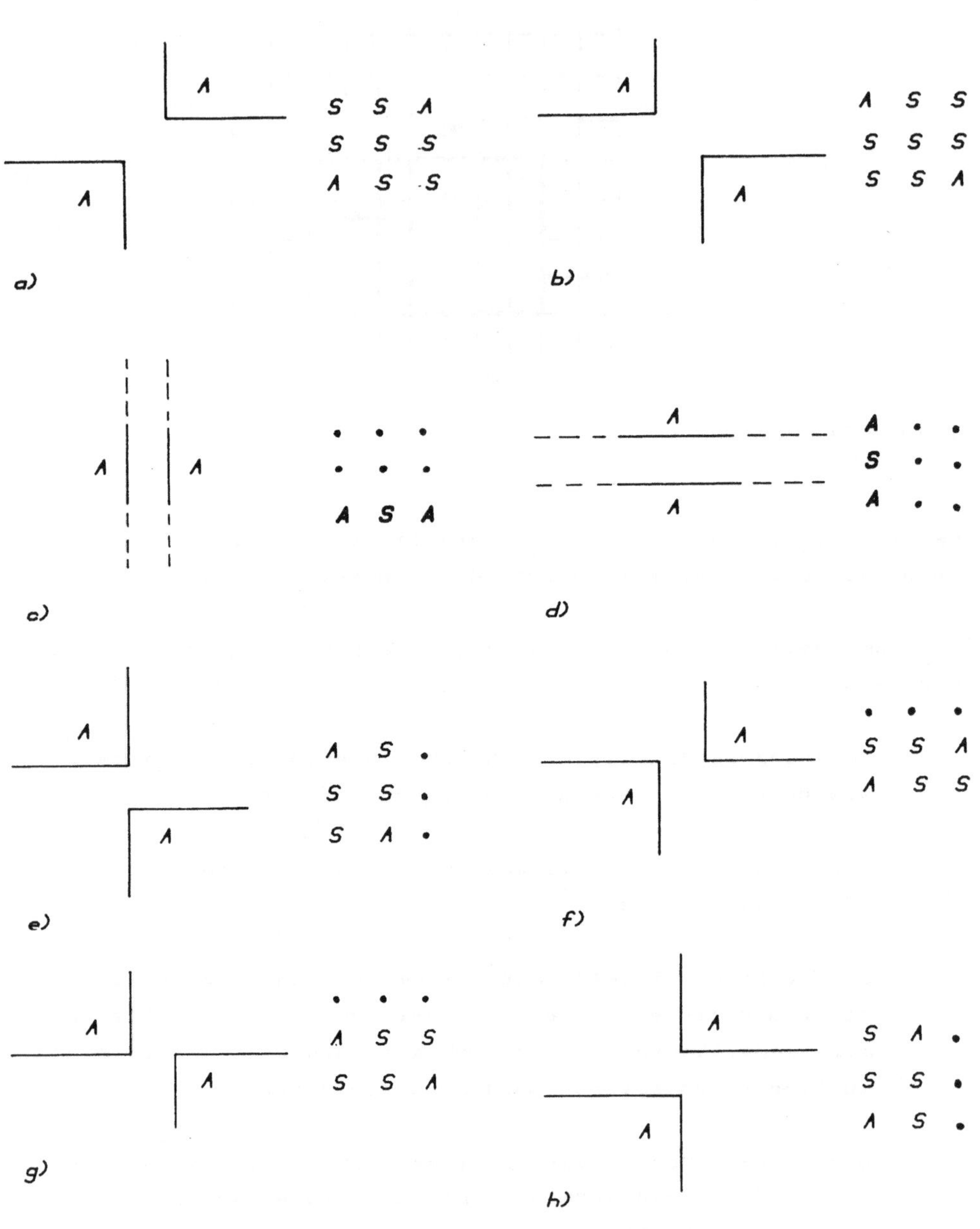

Bild 3.25   Referenzmuster für N=2

erhöht sich die Anzahl der Referenzmuster. Bild 3.26 zeigt die
den in Bild 3.25c bzw.   3.25d entsprechenden Regeln für
unsymmetrische Design-Rules.

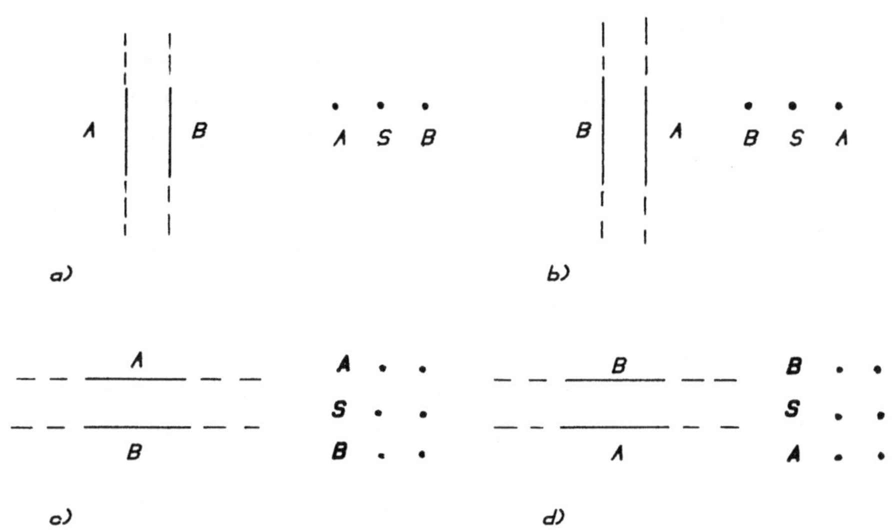

Bild 3.26   Asymmetrisches Referenzmuster

Wegen der großen Anzahl von Referenzmustern und der damit
verbundenen   Fehlerwahrscheinlichkeit   bei   der   manuellen
Erstellung ist es erforderlich, Algorithmen zu entwickeln, die
automatisch Referenzmuster generieren /18/.   Die Eingabe in
einen solchen Mustergenerator ist die bereits bekannte Form:

Layer A Separated by N Lambda of Layer S from Layer B

Der Vergleich des Fensterinhalts mit der Menge aller
Referenzmuster geschieht sinnvollerweise in einem Suchbaum.
Dieser Suchbaum ist ein Programm, das den Vergleich mit einer
Komplexität von O(log r) durchführt, wobei r die Anzahl der

Referenzmuster ist.

3.2.3   PARTITIONIERUNG   BEIM   RASTER-ORIENTIERTEN DESIGN-RULE-CHECK

Wie zu Beginn von Kapitel 3.2 erläutert, hat auch der Raster-orientierte Design-Rule-Check einen großen Speicherbedarf, so daß ein Layout zunächst partitioniert werden muß, ehe es stückweise vom Design-Rule-Checker bearbeitet werden kann. Die Partitionierung erfolgt durch Aufteilung des Layouts in Kacheln, deren Größe von dem Arbeitsspeicher des verwendeten Rechners und der Struktur des Hintergrundspeichers abhängt. Eine mögliche Größe der Kacheln beträgt z.B. 30*30 Lambda.

Um das Layout in Kacheln aufzuteilen, muß zunächst die hierarchische Struktur der Layoutdarstellung aufgelöst werden, d.h., alle Symbolaufrufe müssen ausgeführt werden. Wenn es sich zusätzlich um rein orthogonale Strukturen handelt, spricht man von einem "full expanded Manhattan CIF" (FEMCIF). Die graphischen Elemente müssen anschließend einzelnen Kacheln zugeordnet und bei dieser Zuordnung in Pixel umgewandelt werden (Bild 3.27). Die Zeitkomplexität dieser Zuordnung ist O (n), wenn ein direkter Zugriff auf die einzelnen Kacheln möglich und somit kein Suchalgorithmus (O(n log n)) anzuwenden ist.

Bei dieser Partitionierungsart treten an den Kachelgrenzen Probleme auf, da die Ausdehnung einer Design-Rule unter Umständen über die Kachelgrenze hinausgeht (Bild 3.28).

Bei sequentieller Betrachtung aller Kacheln des Layouts nach Bild 3.28 wird die gekennzeichnete Design-Rule-Verletzung nicht erkannt. Eine Lösung dieser Problematik wird durch Überlappung der Kacheln um den maximalen vorgeschriebenen Abstand N (hier N=3) erreicht (Bild 3.29). Die Überlappung muß jeweils nur an zwei benachbarten Kanten einer Kachel vorhanden sein (z.B. links und unten), da die anderen Seiten von den

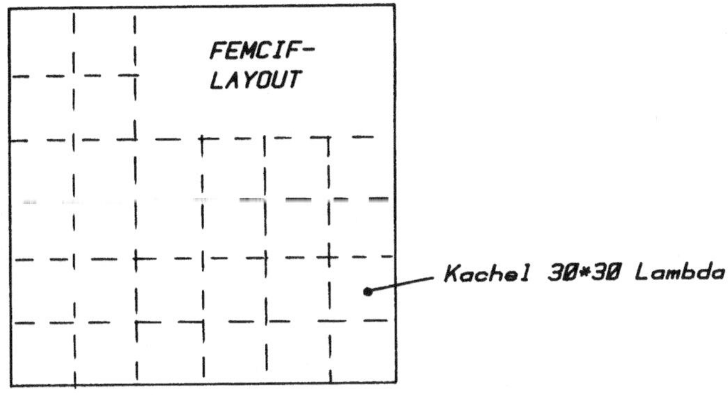

Bild 3.27   Layout-Partitionierung

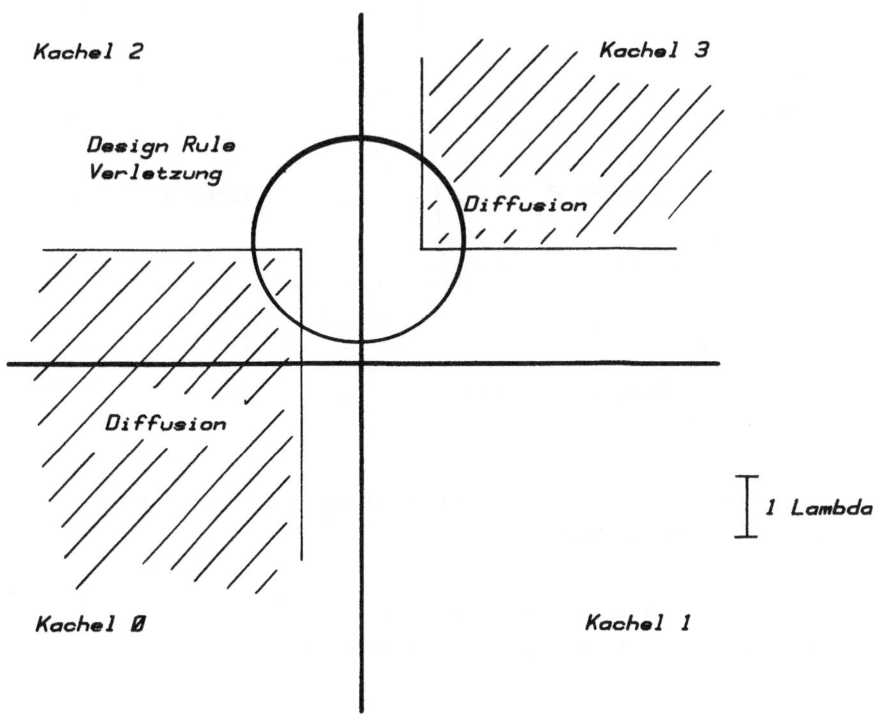

Bild 3.28   Design Rule Verletzung am Kachelrand

folgenden Kacheln überlappt werden.

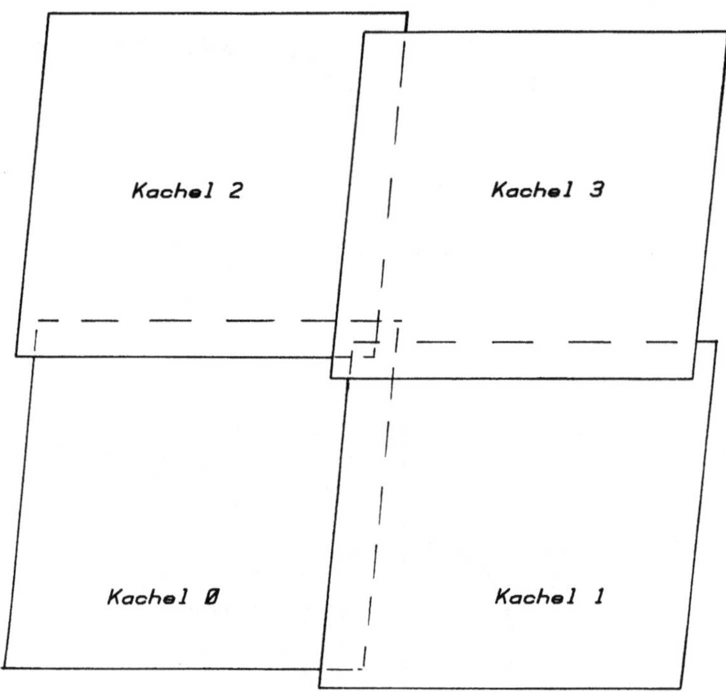

Bild 3.29   Kachelüberlappung

Ein Beispiel für die Fehlererkennung an Kachelgrenzen   ist
in Bild 3.30 dargestellt.

Durch die Überlappung wird   der   Hintergrundspeicherbedarf
und die Rechenzeit um einen Faktor V vergrößert (Gl.   3.1).

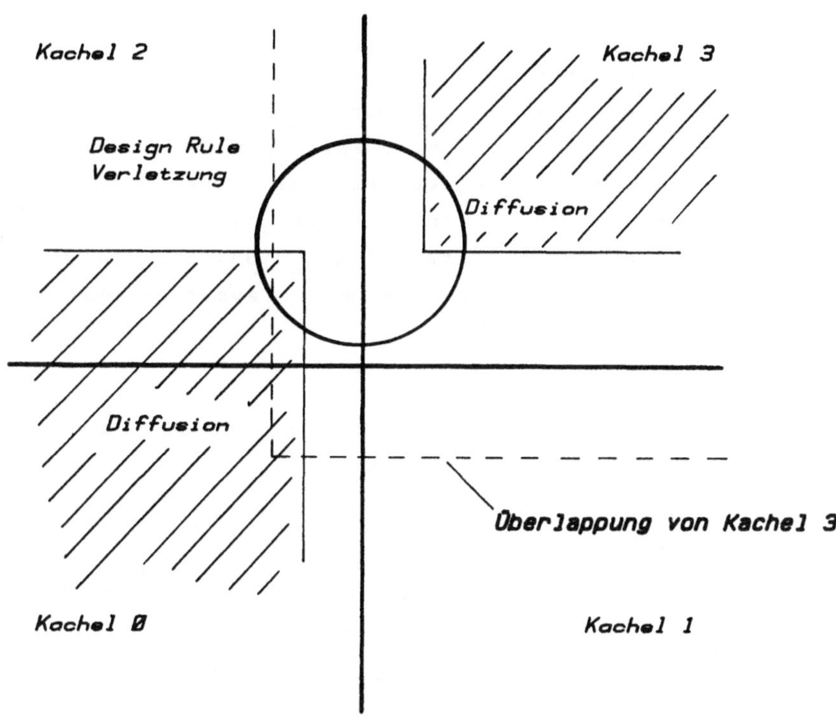

Bild 3.30   Erkennung von Design Rule Verletzungen an Kachelgrenzen

$$V = (n+u)*(n+u)/(n*n)$$

n : Kachellänge

u : Überlappung   (Gl. 3.1)

V beträgt in unserem Beispiel 1,21, bei n = 97 aber nur noch 1,06. V wird bei konstantem u und mit wachsendem n kleiner, d.h., es muß ein Kompromiß zwischen Komplexität und Arbeitsspeichergröße gefunden werden.

3.2.4   DESIGN-RULE-CHECKER-MASCHINE

Die   Datenstruktur   des   Raster-orientierten
Design-Rule-Checks (Pixel, bit-map) legt die Entwicklung einer
Design-Rule-Checker-Maschine nahe /8/ (DRC-Maschine).   Kern
der Maschine ist ein Cache, welcher aus mehreren Ebenen mit je
4 mal 4 bit besteht. Das Cache enthält die Maskeninformation
des betrachteten Layoutfensters (Bild 3.31) und ermöglicht den
parallelen Zugriff auf die gesamte Layoutinformation   des
Fensters.

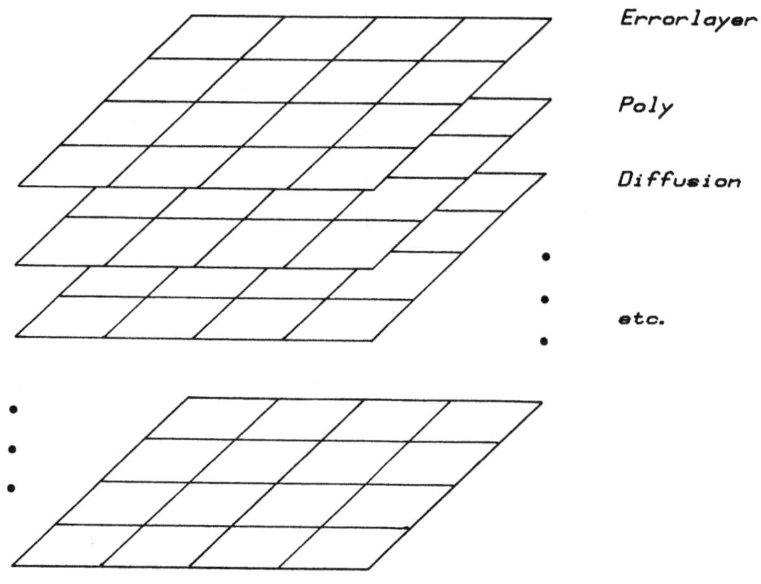

Bild 3.31 Cache-Organisation

Zum Vergleich des Cacheinhalts mit dem Referenzmustersatz
bieten sich verschiedene Möglichkeiten an:

1. Parallele Verarbeitung des Cacheinhaltes durch Schaltnetze (Bild 3.32 a). Diese Schaltnetze können z.B. PALs sein, die rechnergestützt programmiert werden.

   Nachteil: Für NMOS-Regeln sind bis zu 500 Produktterme mit jeweils bis zu 24 Eingängen notwendig.
   Vorteil: sehr schnell

2. Sequentielle Verarbeitung durch ein Schaltwerk /38/.

   Nachteil: langsam

3. Baumartige Verarbeitung analog zur Software-Lösung (Bild 3.32 b).

   Nachteil: langsamer als die vollparallele Verarbeitung (1.)
   Vorteil: trotz geringem Hardware-Aufwand schneller als die sequentielle Verarbeitung nach (2.).

Im folgenden soll die 3. Möglichkeit näher beschrieben werden. Durch Betrachtung jeweils eines oder mehrerer Pixel des Fensters kann bereits eine Untermenge des Referenzmustersatzes ermittelt werden, deren Elemente in diesen Pixeln mit dem Inhalt des Fensters übereinstimmen. In der zweiten Stufe des Suchbaums wird jeweils die Schnittmenge zweier dieser Ergebnisse der ersten Stufe gebildet. Entsprechend wird in der dritten und vierten Stufe verfahren. Die Untermengen- bzw. Schnittmengen-Bildung kann z.B. in Tabellen erfolgen, die rechnergestützt in ROM-Bausteine einprogrammiert sind. Diese Lösung hat die Zeitkomplexität $O(\log r)$, wenn r die Anzahl der Pixel im Fenster ist. Der Ausgang der letzten Stufe des Suchbaums ist die Menge der Referenzmuster, die mit dem Inhalt des Caches übereinstimmen. Im fehlerfreien Fall ist dies also die leere Menge. Für den Fall, daß ein Fehler gefunden wurde, wird an der betreffenden Stelle das Errorbit im Pixelspeicher gesetzt.

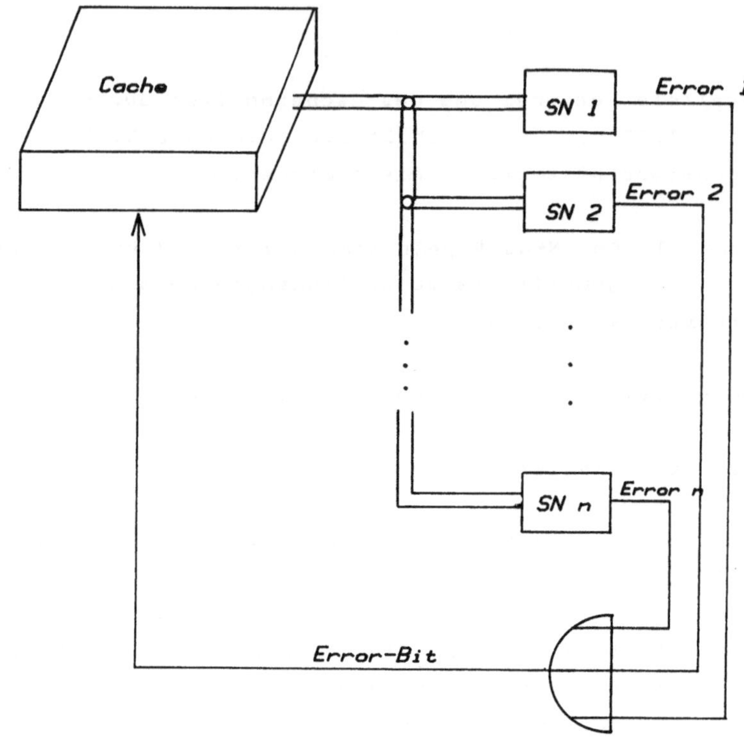

Bild 3.32 a)   Design Rule Check , paralleler Vergleich

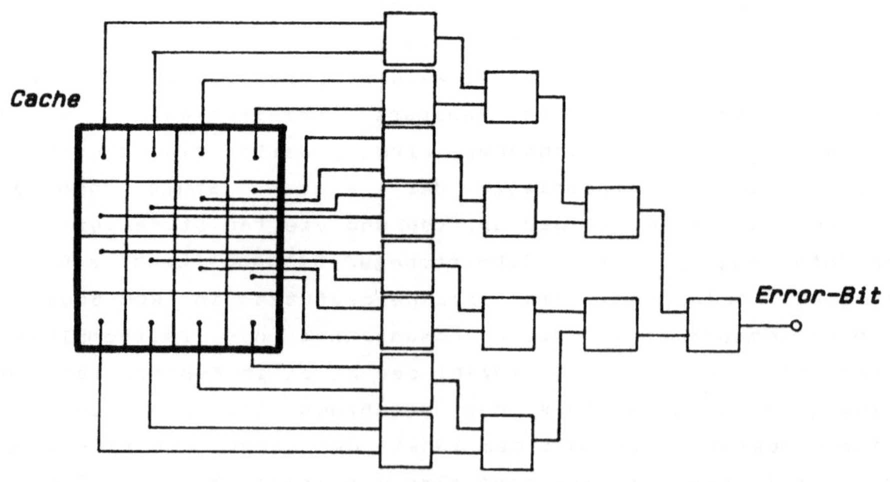

Bild 3.32 b)   Design Rule Check   Hardware Suchbaum

Die Problematik der Design-Rule-Checker-Maschine liegt in der Datenübertragung vom Hintergrundspeicher einer Datenverarbeitungsanlage in den Cache der DRC-Maschine. Eine in Kaiserslautern entwickelte DRC-Maschine verfügt über einen eigenen Hauptspeicher von 1 MWorten, der ein Layout von 1000 * 1000 Lambda aufnehmen kann. Aus diesem Speicher wird der Cache geladen (Bild 3.33).

Die Geschwindigkeit der DRC-Maschine läßt sich noch steigern, wenn nicht bei jedem Verschiebungsschritt alle 16 Pixel des Cache neu aus dem Arbeitsspeicher geladen werden müssen. Dies wird dadurch erreicht, daß die Speicherzellen des Cache als 4 * 4 bit Schieberegister realisiert werden (Bild 3.34), so daß bei einem Schritt des Fensters nach rechts nur die rechten Speicherzellen des Cache geladen werden müssen, und der Inhalt des Caches eine Stufe nach links geschoben wird.

Der größte Zeitbedarf der DRC-Maschine liegt im Laden des Cache. Da jedes Pixel 4 mal geladen werden muß (in jeder Zeile des Cache 1 mal), werden 4 * 1.000.000 Taktzyklen benötigt, um einen kompletten Design-Rule-Check durchzuführen. Der Faktor 1.000.000 resultiert aus der Größe des Speichers von 1 MWorten. In diesem Speicher lassen sich Schaltungen mit 5.000 - 10.000 Transistoren speichern. Bei einer Taktfrequenz von 10 MHz dauert der gesamte Design-Rule-Check also nur 0,4 Sekunden. Diese Zeit gibt jedoch nur die Ausführungszeit der eigentlichen Fehlersuche an. Hinzu kommt noch die Zeit, die für das Laden des Layouts aus dem Hauptrechner (Workstation, CAD-Minirechner, etc.) in die DRC-Maschine benötigt wird. Bei einer angenommenen seriellen Datenübertragung über eine V-24 Leitung (19,2 kBaud) und 1 Mbyte Daten würde dies ca. 9 Minuten dauern. Würde die DRC-Maschine über DMA (Direct Memory Access) an den Hauptrechner angeschlossen, so würde die Zeit auf den Bruchteil einer Sekunde schrumpfen. Es zeigt sich jedoch, daß die DRC-Maschine selbst unter Benutzung der seriellen Datenübertragung einen Design-Rule-Check in weniger als 20 Minuten durchführen kann, was eine Verbesserung um mehrere

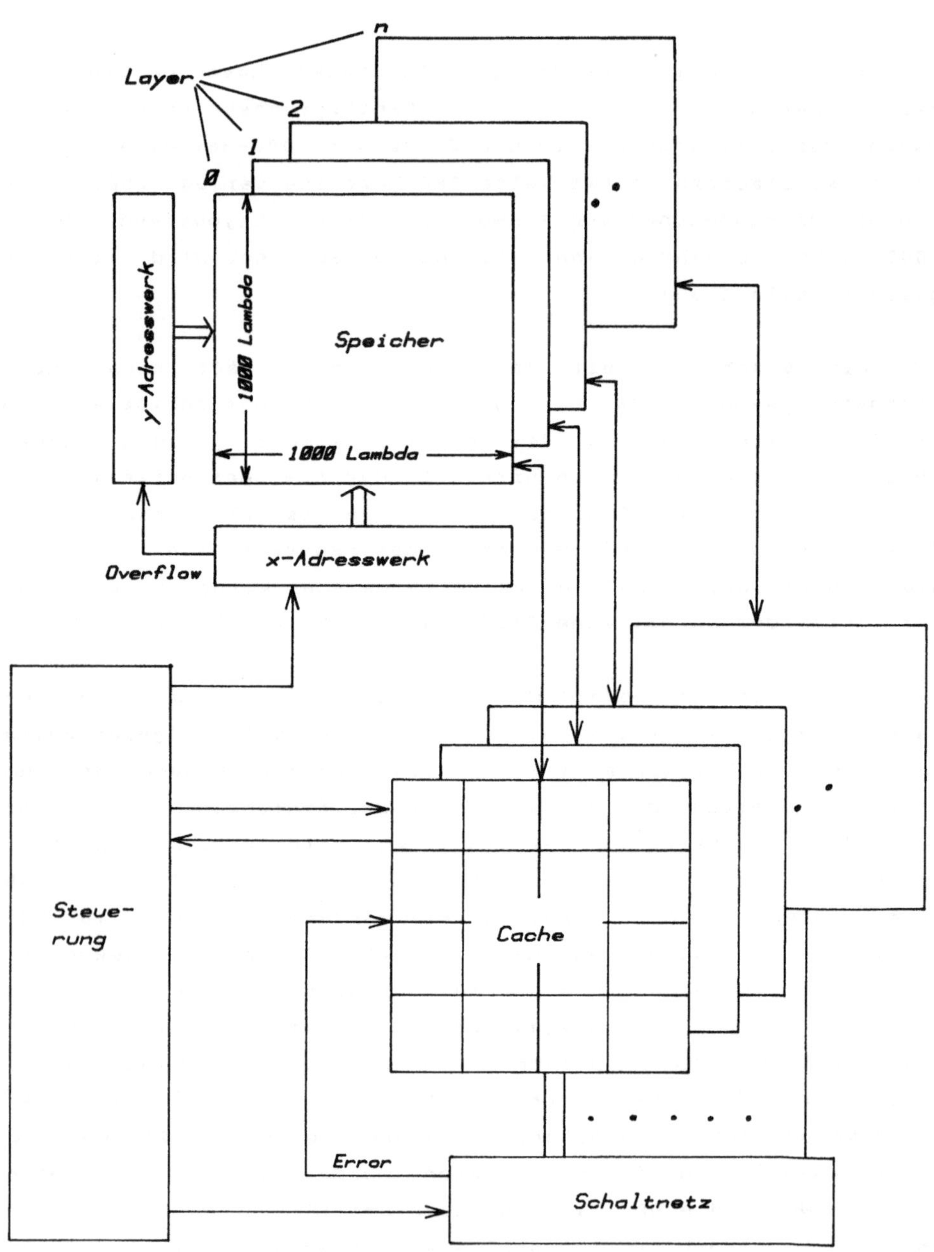

Bild 3.33   DRC-Maschine

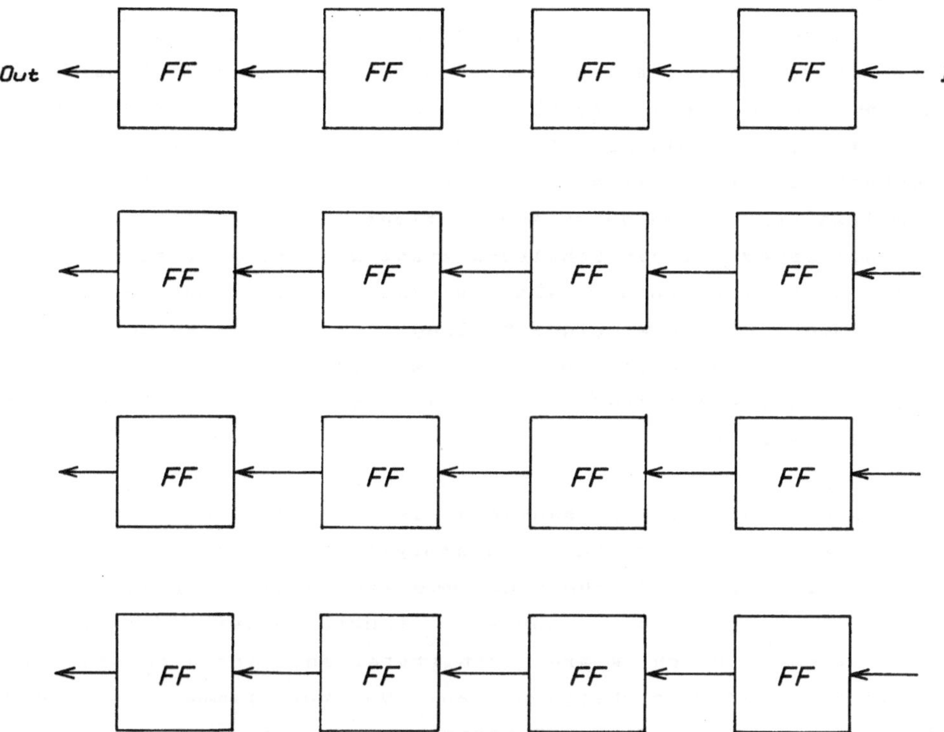

Bild 3.34   4*4 bit Cache aus Schieberegistern

Größenordnungen gegenüber einem Software-Design-Rule-Check darstellt.

3.3 Hierarchischer Design-Rule-Check

In der Einleitung dieses Buches wurde auf die ständig zunehmende Integrationsdichte der integrierten Schaltungen hingewiesen. Hieraus resultiert bereits heute die Möglichkeit, Schaltungen mit bis zu 1.000.000 Transistoren zu fertigen. Die Technologie stellt also die Möglichkeit zur Verfügung, höchst komplexe Funktionen durch ein einziges IC zu realisieren. Beim Entwurf einer solchen Schaltung steht der Designer also weniger vor technologischen, als vielmehr vor organisatorischen Problemen. Die Schwierigkeit liegt nicht im Entwurf eines Transistors, sondern eher in der Organisation einer enormen Anzahl von Transistoren, die als Gesamtmenge eine Funktion erfüllen sollen.

Diese Organisationsaufgabe ist vergleichbar mit dem Erstellen eines großen Programmsystems mit mehreren 100.000 Zeilen Quellcode. Solche Programme lassen sich nur durch einen systematischen und sauber strukturierten Entwurfsstil erarbeiten. Durch klare Schnittstellen, insbesondere eine saubere Parameterübergabe an Unterprogramme und eine Modularisierung des Programms, können Teams von Software-Ingenieuren gemeinsam ein großes System entwerfen.

Diese Arbeitsweise läßt sich direkt auf den Entwurf integrierter Schaltungen übertragen. Auch hier muß das zu bearbeitende Problem analysiert und in Teilprobleme zerlegt werden, die sich von verschiedenen Personen bearbeiten lassen. Wichtig ist auch hier eine klare Schnittstellen-Definition. Die Unterprogramme oder Prozeduren eines Programms entsprechen den Zellen eines IC-Entwurfs. Ähnlich, wie das Hauptprogramm eines strukturierten Software-Pakets sehr kurz und nur aus einigen Prozeduraufrufen bestehen sollte, so sollte auch das Layout einer Schaltung aus Aufrufen von Zellen bestehen, die wiederum Unterzellen aufrufen. Diese Zellen werden wie die Prozeduren eines Programms nur einmal entworfen, jedoch mehrmals eingesetzt. Man spricht von einer Instanziierung oder Exemplarbildung der Musterzellen.

Die so entstandene Hierarchie erlaubt es, daß von den 1.000.000 Transistoren einer VLSI-Schaltung nur einige tausend individuell entworfen wurden. Erst durch hierarchisches Arbeiten wird der Entwurf von Schaltungen dieser Größenordnung möglich.

Das folgende Unterkapitel zeigt auf, daß sich die hierarchische Struktur auch für die Entwurfskontrolle ausnutzen läßt. Bei dem in Zukunft zu erwartenden Schaltungsumfang wird eine Schaltungskontrolle sogar ausschließlich nur durch hierarchisch arbeitende Entwurfswerkzeuge möglich sein.

Der hierarchische Design-Rule-Check nutzt die Struktur und Regelmäßigkeit eines Layoutentwurfs aus. Beginnend von der Wurzel eines Layout-Datenbaums wird zunächst seine Struktur ermittelt, um anschließend von den Blättern des Baums ausgehend das Layout zu prüfen. Vor der Überprüfung einer bestimmten Zelle in der Hierarchie muß also stets geprüft werden, ob alle Unterzellen bereits geprüft wurden. Im folgenden ist ein Algorithmus aufgeführt, der die Abarbeitung des Baums durchführt.

<u>ALGORITHMUS 3.3</u>

```
PROCEDURE DRC (Zelle);
BEGIN
   FOR i = 1 TO Anzahl Subzellen DO
      BEGIN
         IF SUBZELLE (.i.) = not checked
            THEN DRC (Subzelle (.i.));
      END;
      CHECK (Zelle);
   END;
```

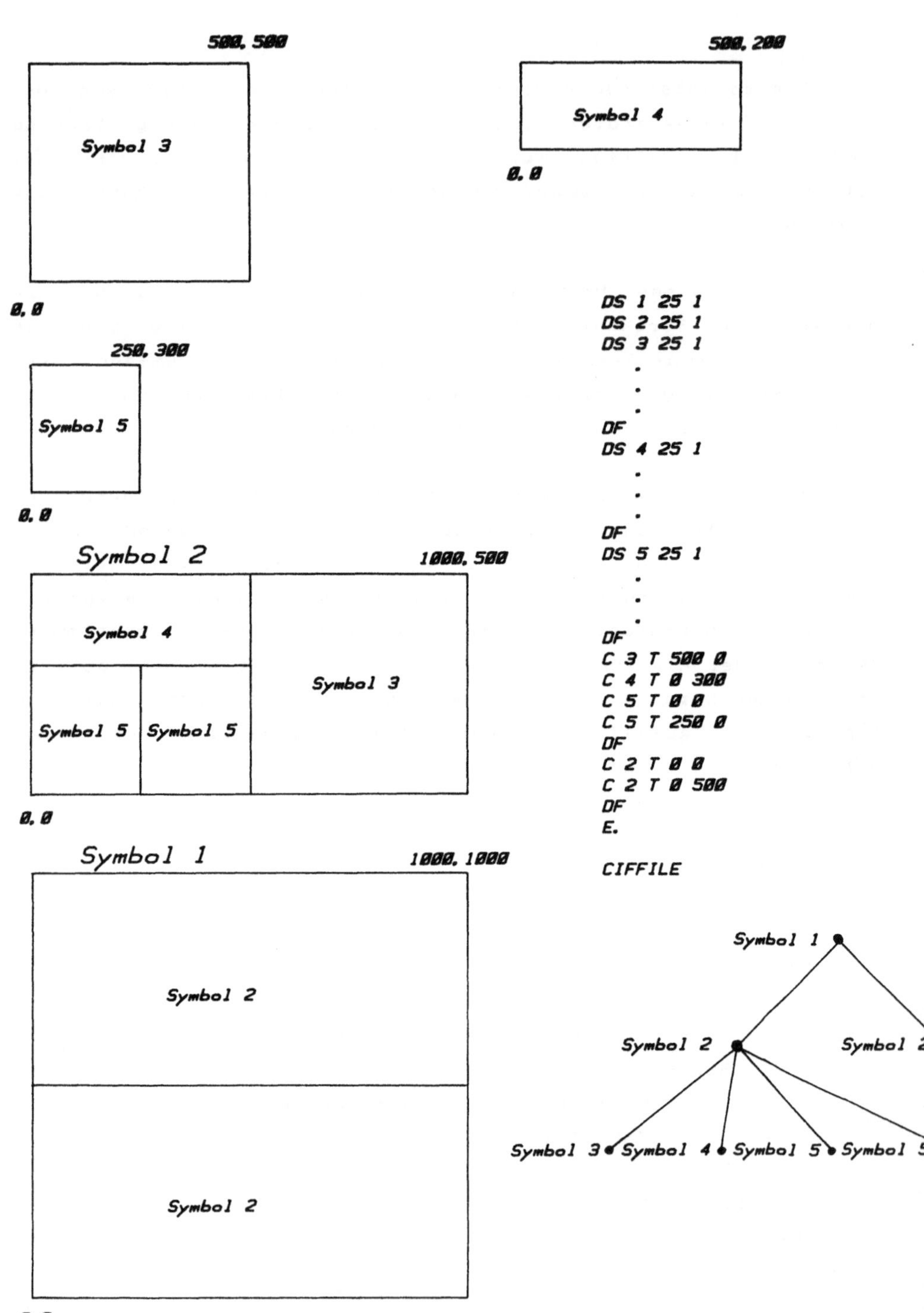

Bild 3.35   Beispiel hierarchischer Layoutentwurf

Bei hochregelmäßigen Layouts besitzt ein hierarchischer Design-Rule-Check große Effizienzvorteile, da Zellen nur einmal geprüft werden müssen, auch wenn sie mehrfach in der Schaltung vorkommen. Es ergeben sich jedoch auch hier Randprobleme (Abschn. 3.2.3), da die Design-Rules auch an den Rändern von Zellen geprüft werden müssen. Anders als bei der Partitionierung eines voll expandierten Layouts kennt der hierarchische Design-Rule-Checker beim Prüfen einer Zelle deren spätere Nachbarn noch nicht. Die Nachbarschaftsbeziehungen der einzelnen Zellen werden erst durch die Aufrufe der Zellen definiert (Beispiel Bild 3.35). Im Beispiel wird zunächst das Symbol 2 aus den Symbolen 3, 4 und 5 zusammengesetzt. Das Innere der Symbole 3, 4 und 5 sei bereits auf Design-Rule-Verletzungen geprüft, wobei die Richtigkeit der Ränder noch nicht festgestellt werden konnte (Bild 3.36).

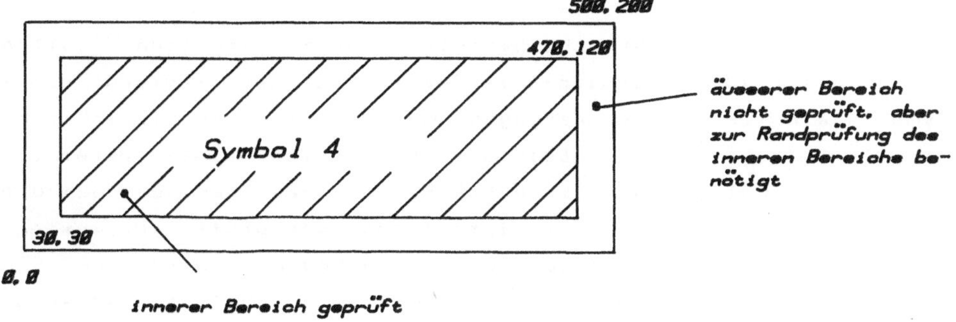

Bild 3.36   geprüfter Bereich von Symbolen

Bei der Synthese von Symbolen aus geprüften Grundsymbolen (3, 4, 5) sind nur noch die Ränder der Grundsymbole zu prüfen, die durch den Aufruf an andere Symbole grenzen (Bild 3.37).

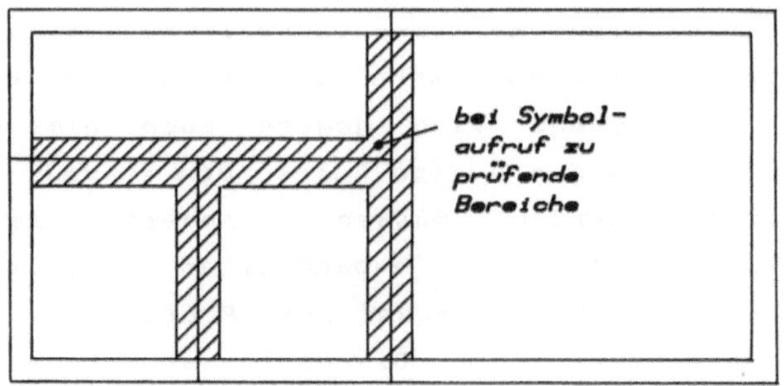

Bild 3.37   DRC bei Symbolsynthese

Zu diesem Design-Rule-Check sind dann nur die Layoutdaten der Randgebiete erforderlich, da die Übergänge vom Rand ins Innere bereits bei der Prüfung der Grundsymbole getestet wurden.

Um eine übersichtliche Datenstruktur zu erhalten, sollte der hierarchische Design-Rule-Check bei der Prüfung eines Symbols ein "Interface" erzeugen, welches die Randinformation des Symbols enthält. Bei der Überprüfung eines später aus mehreren Symbolen synthetisierten Symbols brauchen nur noch die entsprechenden Seiten des Interfaces überprüft zu werden. Dieses Verfahren, ein Interface zu erzeugen, wird auch in Abschnitt 4.3 beim hierarchischen Schaltungsextraktor angewendet.

Aus der Notwendigkeit, ein Interface zu erzeugen und eine gewisse Dateiverwaltung zu betreiben, resultiert der Nachteil, daß der hierarchische Design-Rule-Checker einen beachtlichen Organisationsüberhang besitzen muß. Dieser Nachteil kann erst durch hochregelmäßige hierarchische Layouts aufgehoben werden. Es hängt also vom Entwurfsstil des Designers ab, wie effizient der Design-Rule-Checker arbeiten kann. Bild 3.38 zeigt zwei verschiedene Strategien bei dem Entwurf eines 4-bit

Schieberegisters. Bei der Methode nach Bild 3.38a werden zwei Registerzellen zunächst zu einer Zelle zusammengefaßt. Aus zwei solchen Zellen wird letztlich die 4-bit Zelle gewonnen.

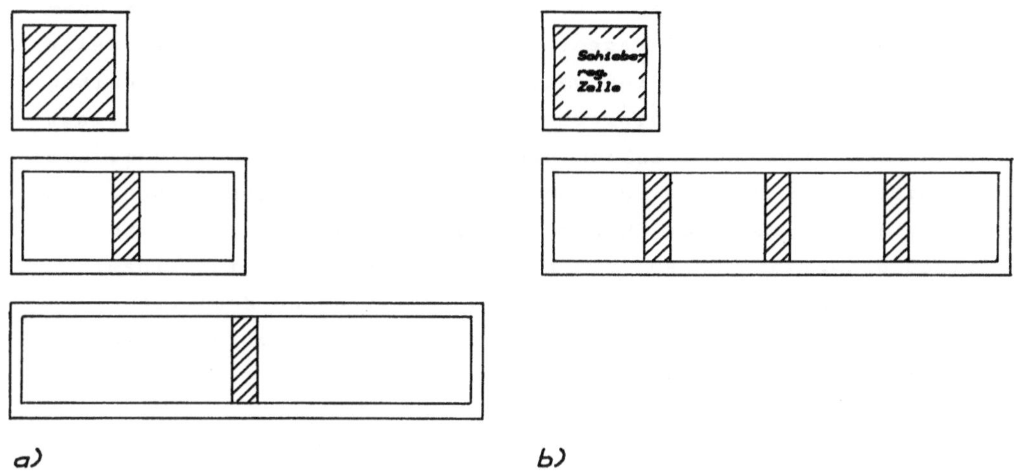

a)   b)

Bild 3.38   Entwurfsmethode für 4-bit Schieberegister

Bei dieser Methode müssen neben dem Check der eigentlichen Schieberegisterzelle zwei Design-Rule-Checks auf Randbereiche und drei Interfacegenerierungen durchgeführt werden.

Bei der Methode nach Bild 3.38b werden neben dem Test der Schieberegisterzelle drei Design-Rule-Checks auf Randbereiche und zwei Interfacegenerierungen durchgeführt.

Ein streng hierarchischer Entwurf könnte soweit gehen, daß jedes Rechteck als eigenes Symbol abgelegt ist und somit selbst das Zusammenfügen zweier Rechtecke durch Symbolaufruf geschieht. Würde der Design-Rule-Checker selbst solch kleine Symbole hierarchisch bearbeiten, so würde er auf die Überprüfung von Interfaces entarten. Es ist also aus Effizienzgründen ratsam, eine geometrische Minimalgrenze für hierarchisch zu überprüfende Symbole zu bestimmen. Alle Symbole, deren Größe unter dieser Grenze liegt, müssen vollkommen expandiert werden. Die Überprüfung der Größe kann erfolgen, indem jeder Zelle eine "Boundary-Box" zugeordnet wird die die Maximalabmessungen der Zelle beschreibt. Diese Boundary-Box wäre vom Designer oder vom interaktiven Grafiksystem zu erzeugen. Kein Element einer Zelle dürfte über die Boundary-Box hinausragen, also auch keine der in der Zelle aufgerufenen Zellen. Eine weitere Einschränkung der Freiheiten des Designers beim hierarchischen Design-Rule-Check liegt darin, daß sich keine Zellen überlappen dürfen. So wäre es zum Beispiel nicht möglich, die Leitungen der Versorgungsspannungen nachträglich auf dem Chip zu placieren, nachdem die einzelnen Zellen entworfen wurden. In diesem Fall müßten die einzelnen Zellen bereits Teile der Versorgungsleitungen enthalten, die dann durch die Berührung der Zellen zu den kompletten Leitungen zusammengesetzt werden.

4 Schaltkreisextraktion

Der Begriff "Extraktion" kann im Umfeld des VLSI-Entwurfs verschiedene Bedeutungen haben.

1. Ermittlung einer Schaltkreisdarstellung (Transistorschaltung) aus dem Layout eines VLSI-Entwurfs (Schaltungsrückgewinnung).

2. Ermittlung einer Logikdarstellung aus dem Layout oder aus einer Schaltkreisdarstellung einer VLSI-Schaltung.

3. Ermittlung einer Register-Transfer-Beschreibung aus Layout, Schaltkreis- oder Logikdarstellung eines VLSI-Entwurfs.

Dieses Kapitel befaßt sich mit dem ersten Fall, der Schaltkreisextraktion. Die Schaltkreisextraktion sollte in der Lage sein, aus den Layoutdaten einer Schaltung automatisch eine Netzliste zu erzeugen, die als Eingabe in einen Schaltkreissimulator (z.B. DOMOS, SPICE, etc.) dienen kann (Abschn. 2.4). Ohne Extraktor müßte der Designer sein Layout manuell untersuchen und die Netzliste nebst allen parasitären Elementen erstellen. Parasitäre Elemente sind Teile der Schaltung, die nicht vom Designer beabsichtigt wurden. Es handelt sich insbesondere um die Kapazitäten und Widerstände der Leitungen auf dem Chip. Eine manuelle Ermittlung dieser parasitären Elemente ist sehr arbeitesintensiv und fehleranfällig.

Neben der Eingabe in einen Schaltkreissimulator dient das Ergebnis der Extraktion auch einem Vergleich zwischen der Soll-Schaltung, die der Designer ursprünglich als Transistorschaltung entwickelt hatte, und der Ist-Schaltung, die durch das Maskenbild bestimmt wird. Durch diesen Vergleich können fehlende Transistoren und falsche oder fehlende Verbindungen rechtzeitig vor der Produktion der Schaltung gefunden werden. Der Vergleich kann manuell oder mit einem

Vergleichsprogramm automatisch durchgeführt werden.

Als weiteres Einsatzgebiet von Schaltkreisextraktoren ist die Verwendung als Preprozessoren für Logik- und RT-Extraktionen oder sogenannte Electrical-Rule-Checker (ERC) zu erwähnen.

Electrical-Rule-Checker führen einige elektrische Überpüfungen der Netzliste einer Schaltung durch. So werden z.B. die pull-up/pull-down Verhältnisse geprüft, und es werden Kurzschlüsse zwischen Masse und Versorgungsspannung gefunden. Eine weitere Prüfung stellt fest, ob sich alle Knoten der Schaltung auf NULL- oder EINS-Potential schalten lassen. Eine Aussage über das elektrische oder logische Verhalten der Schaltung wird jedoch nicht gemacht.

Wie bei allen Programmen im Bereich der VLSI-Entwicklung stellt auch beim Extraktor die Abhängigkeit der Rechenzeit von der Komplexität der Entwürfe einen sehr wichtigen Qualitätsmaßstab dar. Tabelle 4.1 zeigt die Extraktionszeiten von drei Extraktoren, die an der Carnegie Mellon University, Pittsburgh, bzw. der University of California, Berkley, entwickelt wurden /14/.

chip	Anzahl der Transistoren	ACE (min:sec)	Partlist (min:sec)	Cifplot (min:sec)
cherry	881	1:05	2:50	4:45
dchip	4884	10:12	18:34	46:21
schip 2	9473	18:12	35:06	95:15
testram	20480	20:36	46:07	-----
riscb	42084	96:43	-----	-----

Tab. 4.1 Laufzeiten von Schaltkreisextraktoren auf VAX 11/780

Die angegebenen Rechenzeiten der Extraktoren ACE, Partlist und Cifplot wurden auf einer VAX 11/780 ermittelt. Es zeigt sich, daß trotz der theoretischen Komplexität von O(n log n) eine ungefähr lineare Abhängigkeit der Rechenzeit vom Schaltungsaufwand erreichbar ist. Jedoch weisen die absoluten Rechenzeiten (z.B. 96 min. für 42.000 Transistoren) darauf hin, daß der Rechenaufwand zu groß ist, um Schaltungen mit ca. 1 Million Transistoren zu extrahieren. Die zu erwartende Rechenzeit würde ca. 38 Stunden betragen. Solch große Schaltungen sind jedoch nur hochgradig strukturiert und hierarchisch entwerfbar, so daß sich durch Einsatz von hierarchischen Extraktoren die Rechenzeit reduzieren läßt. ACE ist ein hierarchischer Extraktor. Der Vergleich seiner Rechenzeit (Tab. 4.1) für die Chips "schip2" und "testram" zeigt, daß das hochstrukturierte "testram" trotz mehr als doppelt sovielen Transistoren nur geringfügig mehr Rechenzeit benötigt, als "schip2".

4.1 Polygon-orientierte Schaltkreisextraktion

Bei den Schaltkreisextraktionen unterscheidet man, ähnlich wie beim Design-Rule-Check, zwei prinzipiell verschiedene Verfahren.

1. den Polygon-orientierten Extraktor

2. den Raster-orientierten Extraktor.

Beide Verfahren müssen folgende Teilprobleme lösen:

1. Erkennen von Transistoren.
2. Ermittlung einer Netzliste, die die Verbindungen zwischen den einzelnen Transistoren enthält.
3. Zuordnung von vordefinierten Namen zu Knoten der Netzliste.
4. Ermittlung der Transistorgeometrie.
5. Ermittlung von parasitären Kapazitäten.
6. Ermittlung von parasitären Widerständen.

4.1.1 ERMITTLUNG DER NETZLISTE EINER SCHALTUNG AUS DEM LAYOUT

Das prinzipielle Vorgehen beim Erstellen einer Netzliste ist folgendes:

1. Bilde ein virtuelles Layer der Transistorkanäle (Kapitel 3).

2. Bilde jeweils .ODER.-Verknüpfung der Leitungsebenen, ohne Transistoren (Poly, Diffusion, Metall).

3. Benenne die gefundenen Symbole.

4. Ermittle, welche Symbole der Metallebene mit Symbolen der Poly-Ebene durch Cuts verbunden sind.

5. Erstelle eine Referenzliste, welche Metall-Symbole mit welchen Poly-Symbolen einen gemeinsamen Netzknoten bilden.

6. Schritt 4 und 5 für Metall- und Diffusionsebene.

7. Ermittle, welche Symbole mit Benutzernamen versehen sind (Abschn. 2.5), und benenne die entsprechenden Knoten.

8. Bestimme die Anschlüsse der Transistoren an die Knoten des Netzes.

Die aufgeführten Schritte könnten prinzipiell mit den in Kapitel 3.1 aufgeführten Algorithmen ausgeführt werden, jedoch stellt das folgende Verfahren eine Methode dar, die die Netzwerkextraktionen in einem Schritt bewirkt /14/. Vor der Bearbeitung durch den eigentlichen Extraktor erfolgt ein Sortieren der Symbol-Datei nach aufsteigendem Wert der jeweils kleinsten x-Koordinate der Einzelsymbole. In diese Datei Q werden auch die Benutzernamen einsortiert.

Der Extraktionsalgorithmus ähnelt stark dem in Abschnitt 3.1.2.2 beschriebenen Verfahren zur Schnittpunktsermittlung mehrerer Geraden. Der wesentliche Unterschied liegt darin, daß der Extraktor Überlappungen und Berührungen von Symbolen ermittelt und Bauelemente (Transistoren) erkennen muß.

Um den Vergleichsaufwand bei der Überlappungs- bzw. Berührungsüberprüfung minimal zu halten, wird vom Extraktor eine zweite Datenstruktur R angelegt, die nach steigenden y-Werten der Unterkanten der Symbole sortiert ist. Eine Abtastlinie (scan-line) wird von links nach rechts über das Layout geschoben, d.h., die Datenstruktur Q wird linear durchlaufen.

Die Stationen der Abtastlinie sind die x-Koordinaten der einzelnen Ecken der Symbole. Wird bei einer Station der linke Endpunkt eines Symbols erreicht, so wird das Symbol aus Q in R übernommen, ist es der rechte Eckpunkt eines Symbols aus R, so wird das Symbol aus R gestrichen. R enthält also stets alle Symbole, die gleichzeitig von einer vertikalen Linie berührt oder geschnitten werden (Bild 4.1).

Es können sich nur Symbole überlappen oder berühren, für die es mindestens eine vertikale Gerade gibt, die beide Symbole schneidet oder berührt. Somit genügt es, die Elemente aus R auf Berührung oder Überlappung zu überprüfen. Wenn ein Symbol in R eingetragen wird, so wird zunächst überprüft, ob es mit einem anderen Symbol des gleichen Layers in R gemeinsame Punkte hat (es kann auch für jedes Layer eine eigene Datenstruktur R angelegt werden). Ist das der Fall, so erhält das Symbol den Knotennamen des betreffenden älteren Symbols. Hat das einzusortierende Symbol gemeinsame Punkte mit mehr als einem alten Symbol aus R, so werden die Knotennamen der verschiedenen alten Symbole gleichgesetzt, und der neue Knoten erhält ebenfalls diesen Namen (Bild 4.2).

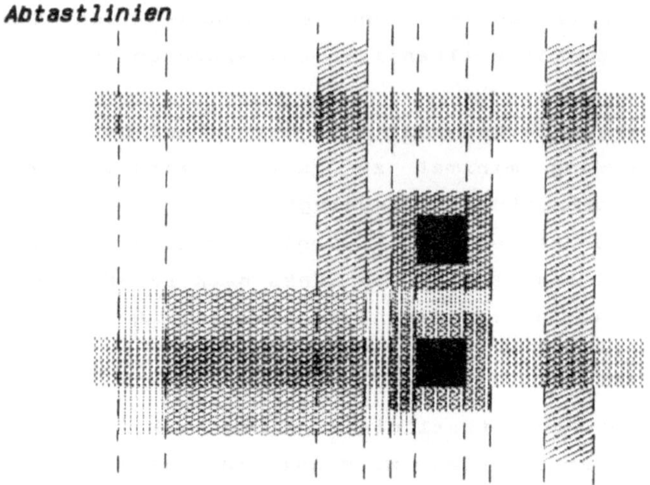

Bild 4.1   Abtastlinien bei einem Multiplexer-Layout

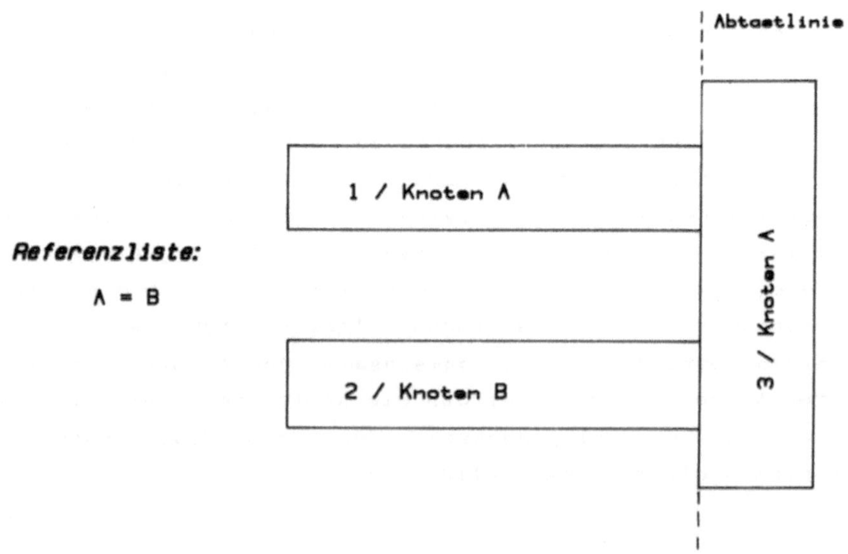

Bild 4.2   Gleichsetzen von Knoten

Hat das einzusortierende Symbol keinen gemeinsamen Punkt mit einem der in R vorhandenen Symbole, so wird ein neuer Knotenname generiert und das Symbol diesem Knoten zugeordnet. Die letzte Möglichkeit ist die, daß es sich bei dem einzusortierenden Element um einen Namen handelt, der einem Punkt zugewiesen wurde. Wenn der betreffende Punkt Element eines oder mehrerer Symbole in R ist, so wird der Knotenname der Symbole gleich dem vom Benutzer definierten Namen gesetzt.

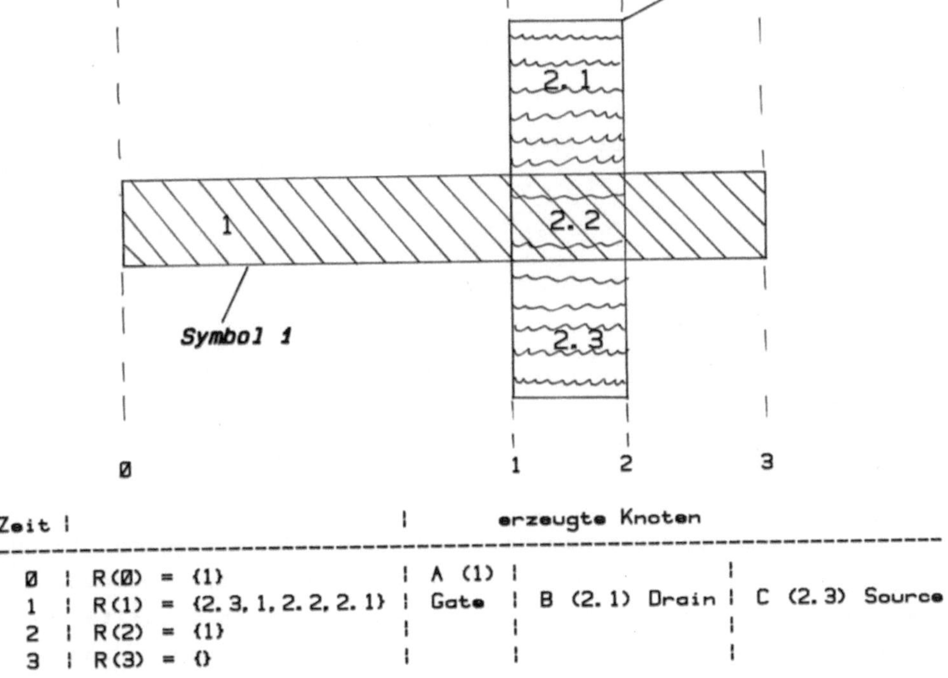

Bild 4.3   Erkennen von Transistoren

Die bisherigen Überlegungen betrafen jeweils nur eine Maskenebene. Es ist jedoch naheliegend, mit diesem Verfahren auch .Transistoren zu erkennen und Verbindungen durch Cuts zu ermitteln. Ist zum Beispiel das einzutragende Symbol vom Layer Diffusion überlappt mit einem Symbol des Layers Poly, so müssen drei Knoten eingeführt werden. Das Poly-Symbol ist der Gateknoten eines Transistors, und die an die Überlappung grenzenden Diffusionsgebiete sind die Drain- bzw. Sourceknoten (Bild 4.3).

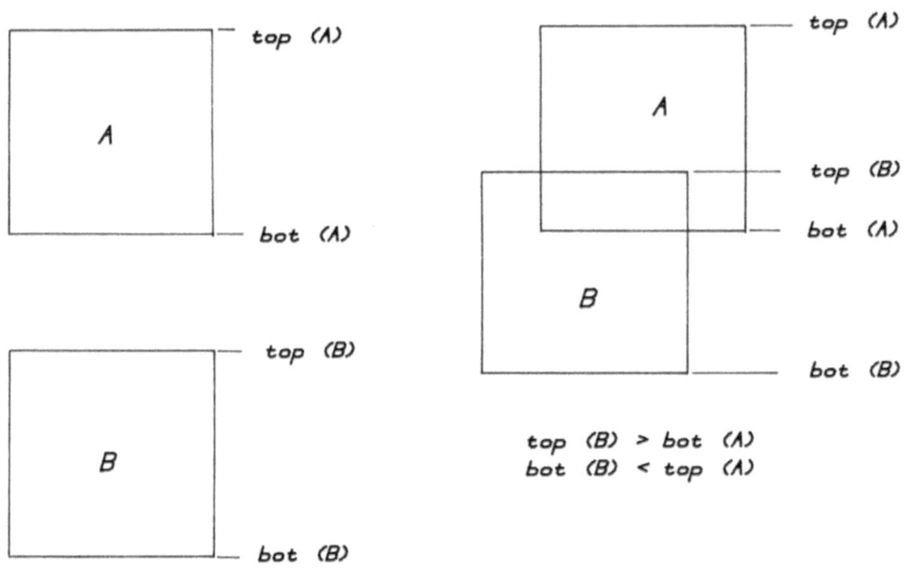

Bild 4.4   Überlappung von Symbolen

Das Symbol 2 aus dem Beispiel nach Bild 4.3 wird in die Symbole 2.1, 2.2 und 2.3 zerlegt und diese werden in R einsortiert. Das Sortieren von R nach aufsteigenden y-Koordinaten erleichtert das Auffinden von Überlappungen, da beim Ein- und Austragen eines Symbols dieses nicht mit allen Symbolen verglichen werden muß, sondern nur mit denen, deren größte y-Koordinate größer ist als die kleinste y-Koordinate des einzuordnenden Symbols, und deren kleinste y-Koordinate kleiner ist als die größte y-Koordinate des einzusortierenden Symbols (Bild 4.4). Hieraus ergibt sich, daß eine besonders effiziente Überlappungsüberprüfung dann gewährleistet ist, wenn zwei Datenstrukturen R1 und R2 angelegt werden und R1 nach aufsteigender y-Koordinate der Symbolunterkante und R2 nach aufsteigender y-Koordinate der Symboloberkante sortiert ist. Zwei Symbole A und B können sich dann schneiden, wenn Pos (top(A)) in R1 größer ist als Pos (B) in R1 und Pos (bot(A)) kleiner Pos (B) in R2 (Bild 4.5).

Diese Bedingung ist eine notwendige, jedoch keine hinreichende Bedingung für die Existenz von Überlappungen bzw. Berührungen (Bild 4.6).

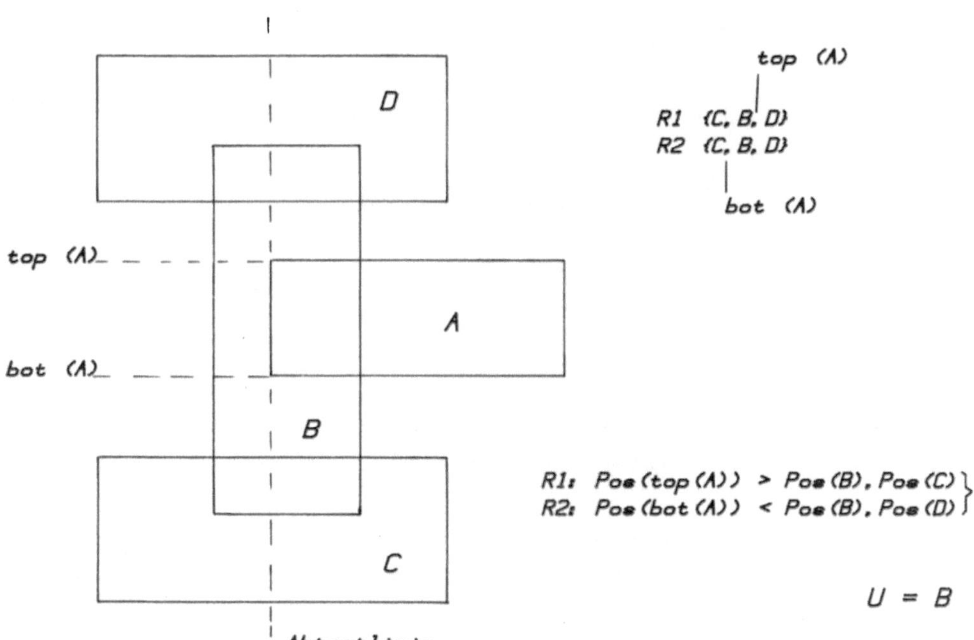

Bild 4.5   2 Datenstrukturen R vor Einfügen von A

Handelt es sich jedoch bei allen Symbolen um Rechtecke, so ist die aufgezeigte Bedingung eine ausreichende Voraussetzung für den Nachweis von Überlappungen und Berührungen (Beachte: Voraussetzung orthogonale Strukturen). Bei nicht rechteckigen Symbolen muß noch eine Überprüfung durchgeführt werden, ob die Koordinate x, top (A) in B liegt (Abschn. 3.1.2.1). Im folgenden soll das Verfahren noch einmal algorithmisch dargestellt werden.

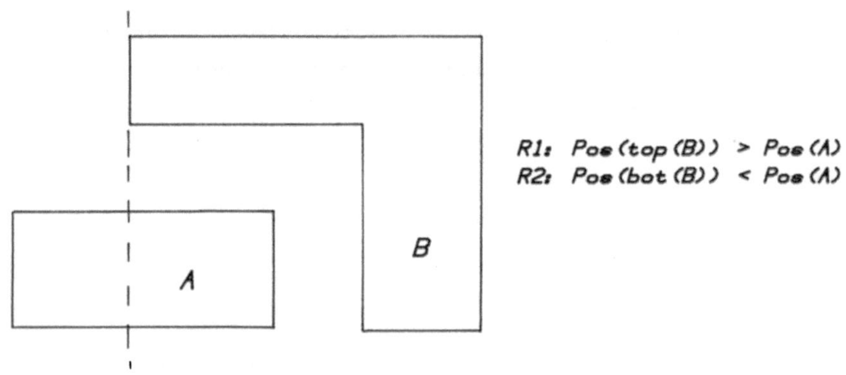

Bild 4.6   Beispiel für Nicht-Überlappung

ALGORITHMUS 4.1

Q: nach steigendem x-Wert der linken Kante sortierte Menge aller CIF-Rechtecke und Benutzernamen.

R1:   nach steigendem y-Wert der Unterkante sortierte Menge aller CIF-Rechtecke und Benutzernamen, die durch eine vertikale Abtastlinie geschnitten werden. Jedes Element erhält einen Zeiger auf einen Knotennamen.

R2:   nach steigendem y-Wert der Oberkante sortierte

Menge aller CIF-Rechtecke und Benutzernamen, die durch eine vertikale Abtastlinie geschnitten werden.

Z: temporäre Zwischendatei; enthält die Schnittmenge aus R1 und R2.

Knoten: Knotenname, Liste der zugehörigen Symbole, Cross-Referenz-Liste für mehrfach benannte Knoten.

Transistoren: Symbole der Anschlüsse, Länge, Breite.

```
ALGORITHMUS Netzgen
   FOREACH x-Koordinate X in Q DO
    FOREACH Element p with X in Q DO
       Überlappungscheck (p)
       Findbauelemente (p)
       Knoten (p)
       SortinR (p)
     END
    END
END   .

 ALGORITHMUS Überlappungscheck (p)
  FOREACH Element e in R1 with Pos (top(p))>= Pos (e) DO
    schreibe e in Z
  END
  FOREACH Element e in R2 with Pos (bot(p))>= Pos (e) DO
   lösche e aus Z
  END
END
  (.Die Menge Z enthält jetzt alle Rechtecke, die die.)
  (.Abtastlinie schneiden und die ein Element p überlappen.)
 ALGORITHMUS Findbauelemente (p)
```

```
  (.Erkennung  von  Bauelementen  mit mehr als einem Layer.)
  (.-Transistoren und Cuts-                                  .)
  IF layer (p) = Poly
   THEN
    FOREACH Element d in Z DO
     IF layer (d) = Diffusion (.s. Bild 4.7.)
      THEN Transistor (p,d,Z)
   (.Abtastlinie  befand  sich  über Diffusionsgebiet und .)
   (.hat  Element  p auf Layer Poly gefunden -> Transistor.)
     END
    END
  END
 END
 IF layer (p) = Diffusion
  THEN
   FOREACH Element d in Z DO
    IF layer (d) = Poly                        (.Bild 4.8.)
     THEN Transistor (d,p,Z)
(.Abtastlinie  auf  Polygebiet  (d)  und  Überlappung mit.)
(.Element p auf Layer Diffusion  ->  Transistor  gefunden.)
(.1. Parameter: Gate-Symbol; 2. Parameter: Source-Symbol .)
    END
   END
 END
 IF layer (p) = Cut
  THEN
   FOREACH Element c in Z DO
    IF layer (c) in (Poly, Diffusion, Metall)
     THEN Cut (p,c)
    END
   END
  END
END
 (.Alle Bauelemente mit mehreren  Layern  wurden  gefunden.)
 (.Wenn  Diffusionsgebiete bzw.  Poly-Gebiete von Transis-.)
 (.toren aus mehreren Symbolen  bestehen, so wäre ein auf-.)
 (.wendigeres Verfahren notwendig                          .)
ALGORITHMUS Knoten
```

```
(.Ermittlung der Knoten:                                    .)
(.Löschen aller Elemente aus Z, die nicht vom  Layer  (p).)
(.sind.                                                     .)
FOREACH Element r in Z DO
 IF layer (r) <> layer (p)
  THEN lösche r aus Z
 END
END
(.nur noch Elemente des gleichen layers in Z              .)
IF p ist kein Benutzername
 THEN IF Z ist leer
         THEN generiere neuen Knotennamen mit p
              setze Knotenpointer (p) auf Knotenname
(.Jedes Symbol  hat  einen  Zeiger  auf  den  zugehörigen.)
(.Knoten                                                   .)
         ELSE (.kein neuer Knoten                          .)
          BEGIN                                (.Bild 4.11.)
           Setze Knotenpointer (p) auf Knotenname (Z(1))
           füge p in Symbolliste (Knotenname (Z(1)))
(.p  wird  dem  Knoten  des  1. Elements von Z zugeordnet.)
           IF Anzahl in Z > 1                  (.Bild 4.12.)
            THEN
             FOREACH Element r in Z DO
              setze Knotenname (r) = Knotenname (Z(1))
             END
(.Durch  p  wurden  2 oder mehr bekannte Knoten verbunden.)
(.Die Verbindung  wird  in  der  Cross-Referenz-Liste der.)
(.einzelnen Knoten vermerkt.                               .)
           END
          END
 ELSE  (.p ist Benutzername                                .)
   FOREACH Element r in Z DO
    setze Knotenname (r) = p
   END
(.Alle  verbundenen  Knoten  erhalten  Verweis  auf  den.)
(.Benutzernamen.                                            .)
   END
   ALGORITHMUS Cut (c,p)
```

```
(.Cut wird für jeden Cut 2-mal durchlaufen.                .)
  IF Knotenname (c) = NUL (.Cut hat noch keinen Namen    .)
    THEN Knotenname (c).= Knotenname (p)  (.1. Durchlauf .)
  (.Cut erhält den Knotennamen von p.                     .)
    ELSE (.2. Durchlauf                                   .)
      setze Knotenname (p) = Knotenname (c)
  (.Cut hatte Knotennamen und p erhält diesen Knotennamen.)
  END
ALGORITHMUS Transistor (p,d,Z)
  (.Dieser Algorithmus bearbeitet nur Transistoren, deren.)
  (.Gate  aus  einem Symbol und deren Drain-Source-Gebiet.)
  (.aus einem Symbol besteht.                             .)
    Generiere Transistornamen
  IF Knotenname (p) = NUL   (.p ist Poly-Leitung         .)
    THEN generiere Knotenname (p)
  END
  Gateknoten (Transistorname).= Knotenname (p)
  FOREACH Element e in Z DO
    IF layer (e) = Implant
      THEN Transistortyp .= Depletion
    END
  END
  IF Xmin (d) < Xmin (p)                       (.Bild 4.9.)
    (.Transistorkanal verläuft horizontal               .)
      THEN Neusymbolhorizontal (p,d,D,S,W,L)
      ELSE Neusymbolvertikal (p,d,D,S,W,L)       (.Bild 4.10.)
    Sourceknoten.= S
    Drainknoten.= D
    Kanalbreite.=W
    Kanallänge.= L
  END


  ALGORITHMUS Neusymbolhorizontal (p,d,D,S,W,L)(.Bild 4.9.)
    (.erzeugt  neue  Symbole  für Drain- und Source-Gebiet.)
    IF (Xmax (d) > Xmax (p) AND (top (p) > top (d)) AND
        (bot (p) < bot (d))
      THEN  D .= d
            Xmax (D)  = Xmin (p)
```

```
        S  .= d
        Xmin (S)  .= Xmax (p)
        W  .= top (S) - bot (S)
        L  .= Xmin (S) - Xmax (D)
        Replace d by D in R1 und R2
(.Zur   späteren  Knotenerkennung werden die  gefundenen.)
(.neuen   Symbole   in   die   Datenstruktur   eingebunden.)
 ELSE Error:
     "Drain-Source-Gebiet besteht aus mehreren Symbolen"
END
ALGORITHMUS Neusymbolvertikal (p,c,d,S,W,L)(.Bild 4.10.)
  IF (top (d) > top (p) AND (bot (d) < bot (p) AND
     (Xmax (p) > Xmax (d))
    THEN D.=d
        bot (D)  .= top (p)
        S  .= d
        top (S)  .= bot (p)
        W  .= Xmax (S) - Xmin (S)
        L  .= bot(D) - top (S)
        Insert D und S in Q
        IF d in R1
         THEN Replace d by S R1 und R2
(.Zur   späteren   Knotenerkennung werden die gefundenen.)
(.neuen   Symbole   in   die   Datenstruktur   eingebunden.)
 ELSE Error:
     "Drain-Source-Gebiet besteht aus mehreren Symbolen"
END
ALGORITHMUS SortinR (p)
  IF (X ist linker Rand von p) OR (p = Benutzername)
   THEN sortiere p in R1 und R2
   ELSE lösche p aus R1 und R2
END.
```

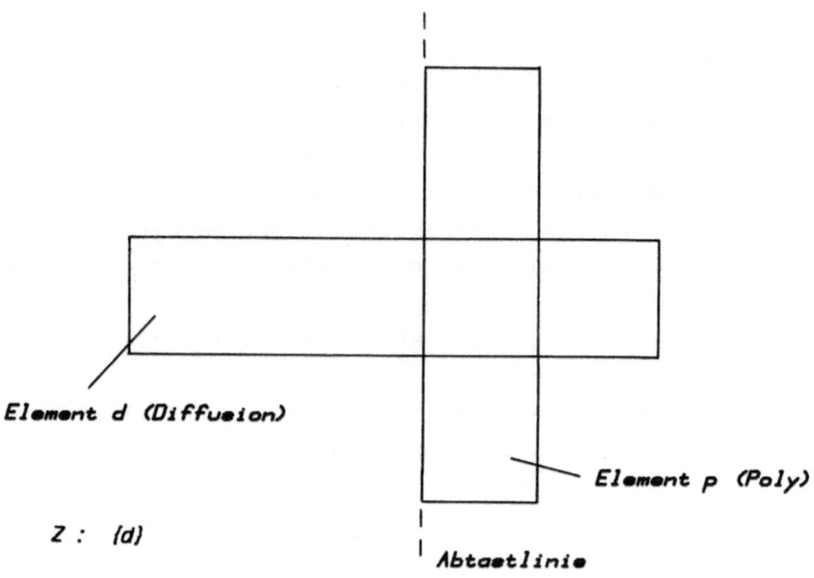

Bild 4.7   Erkennung eines Transistors horizontal

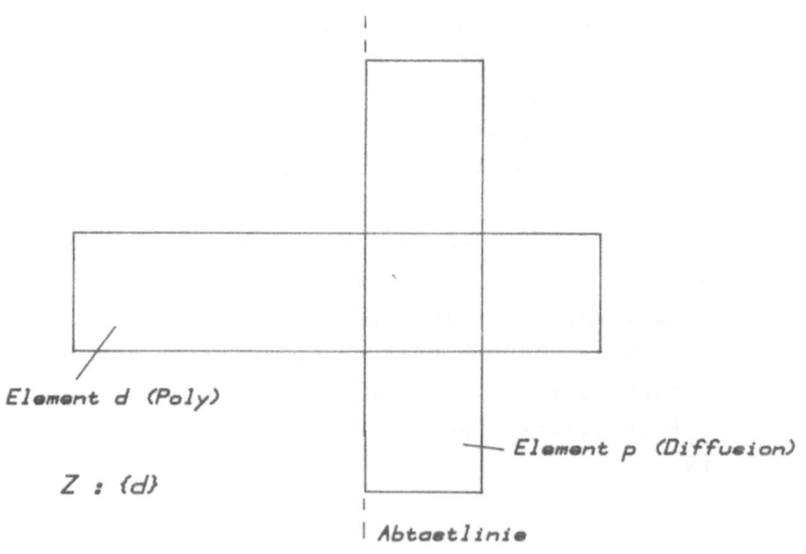

Bild 4.8   Erkennung eines Transistors vertikal

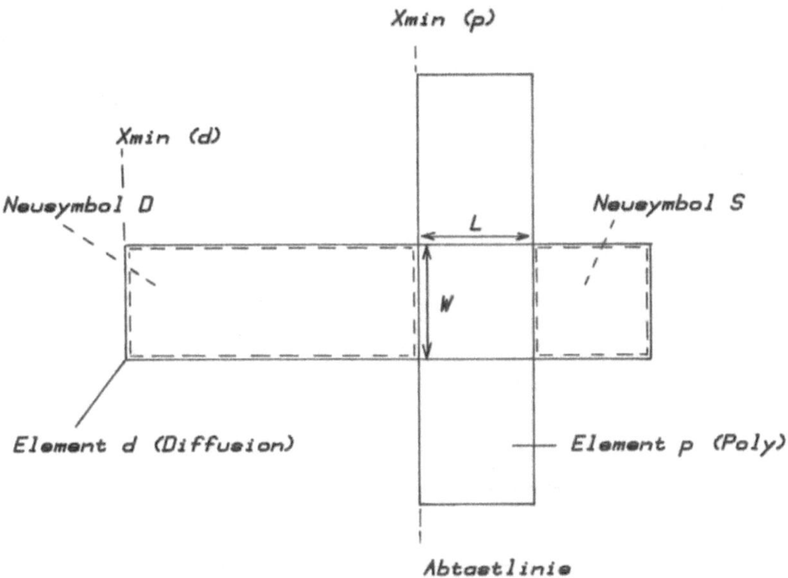

Bild 4.9   Aufteilung Drain-Source horizontal

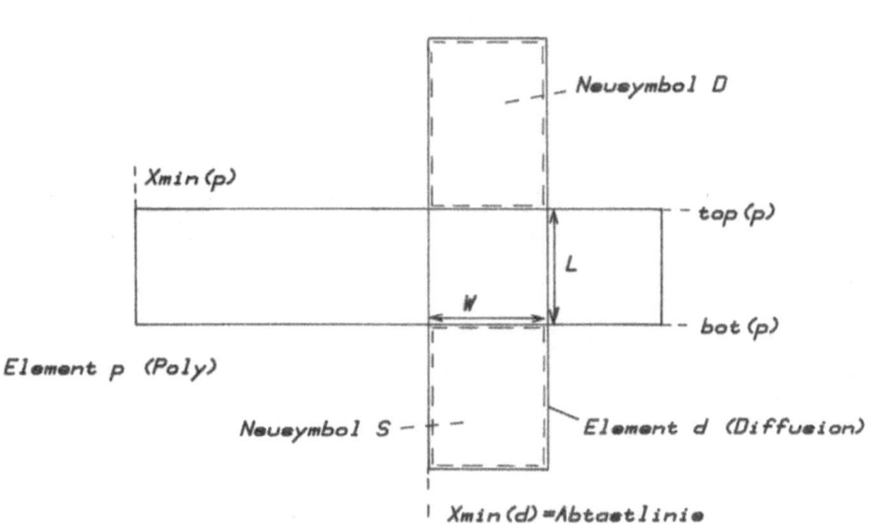

Bild 4.10   Aufteilung Drain-Source vertikal

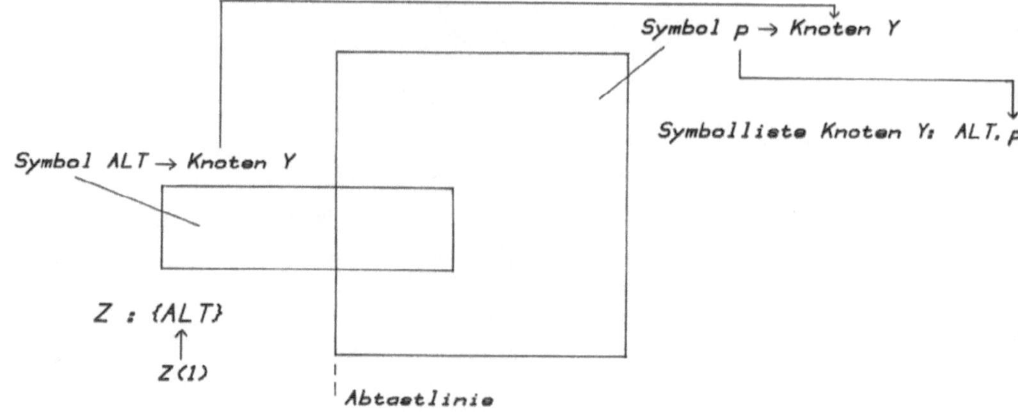

Bild 4.11   Zuordnung Symbol --> Knoten

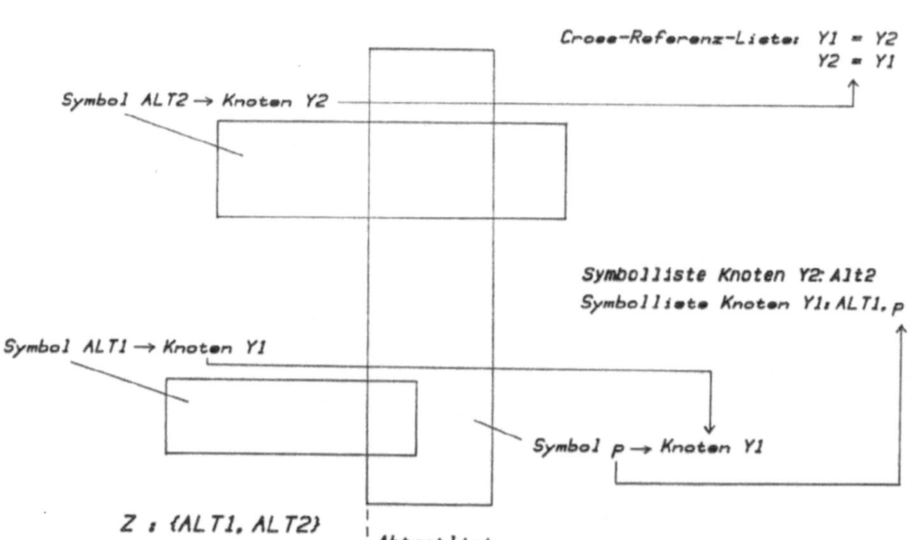

Bild 4.12   Knoten-Cross-Referenz-Liste

Der vorgestellte Algorithmus zur Netzgenerierung stellt eine sehr vereinfachte Lösung des Extraktionsproblems dar. Der Algorithmus erzeugt eine Liste mit Transistoren und deren Anschlüssen und eine Liste von Knoten mit Zeigern auf die Symbole, aus denen diese Knoten bestehen. Eine Cross-Referenz-Liste enthält für jeden physikalischen Knoten eine Liste von logischen Namen, die während der Extraktion vergeben werden, sowie Benutzernamen. Diese Cross-Referenz-Liste kann aufgearbeitet werden, so daß jedem physikalischen Knoten exakt ein Name zugeordnet wird.

4.1.2   PARASITÄRE KAPAZITÄTEN

4.1.2.1   URSACHE PARASITÄRER KAPAZITÄTEN

VLSI Schaltungen sind drei-dimensionale Strukturen, bei denen verschiedene Materialien und geometrische Gebilde in Wechselwirkung treten. Die Materialien bilden verteilte Bauelemente wie Widerstände und Kapazitäten. Die Kapazitäten treten zwischen verschiedenen Strukturen einerseits und auch zwischen Leitungselementen und dem Substrat (Masse) auf (Bild 4.13).

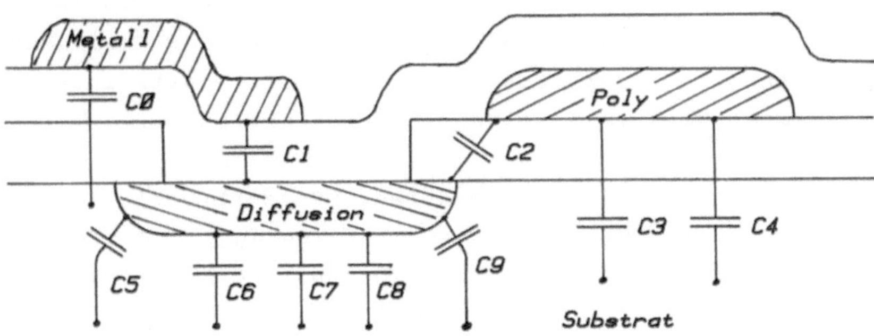

Bild 4.13   Parasitäre Kapazitäten

Grundsätzlich besteht zwischen elektrisch leitenden Gebieten eine Kapazität, wenn diese nicht leitend verbunden sind. Ein einfaches Beispiel für eine Kapzität stellt der Plattenkondensator dar (Bild 4.14).

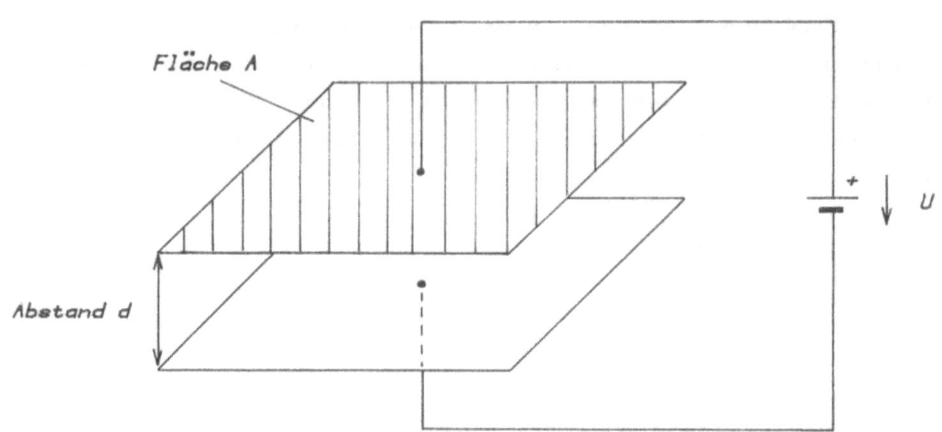

Bild 4.14   Plattenkondensator

Den im folgenden betrachteten parasitären Kapazitäten soll das Modell des Plattenkondensators zugrunde gelegt werden. So stellt z.B. das Diffusionsgebiet eine Platte dieses Kondensators dar, während die andere Seite der Raumladungszone des pn-Übergangs, das Substrat, als zweite Platte interpretiert werden kann (Bild 4.15) (Sperrschichtkapazität).

Die in Bild 4.14 angegebene Proportionalität für die Kapazität eines Plattenkondensators besagt, daß die Größe der Kapazität reziprok proportional zum Abstand d der Platten ist.

Bei der Diffusionsleitung ist der Abstand d gleich der Dicke der Raumladungszone, während bei Poly- und Metall-Leitungen der Abstand durch eine oder mehrere Lagen Dickoxyd bestimmt wird. Hieraus resultiert der Faktor von etwa drei in der Größe des Kapazitätsbelages von Poly und Metall einerseits und Diffusion andererseits (Tab. 1.1 und Abschn. 1.3.1). Die Tatsache, daß die Größe von Sperrschichtkapazitäten neben der Geometrie auch von der angelegten Spannung abhängt, soll im folgenden vernachlässigt werden. Bild 4.15 zeigt, daß für die Kapazitätsberechnung nicht nur die Fläche der betroffenen Gebiete benötigt wird sondern auch deren Umfang. Aus dem Umfang der Diffusionsfläche und der Eindringtiefe läßt sich die Kapazität des Randgebiets errechnen.

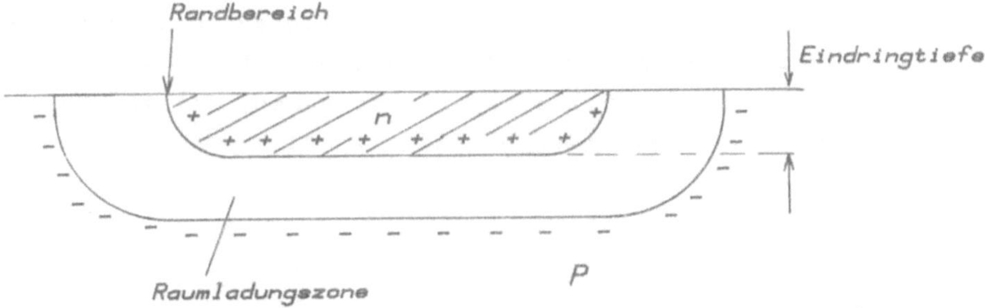

Bild 4.15   Kapazität Diffusion-Substrat

Die Kapazitäten C1 und C2 aus Bild 4.13 sind Kapazitäten, die zwischen der Diffusionsleitung und der Metall- bzw. Poly-Leitung bestehen. Diese Kapazitäten zwischen verschiedenen Leitungen, die sich durch einen Einfluß der Signale der einen Leitung auf die Signale der anderen Leitung bemerkbar machen (Übersprechen), werden mit wenigen Ausnahmen /20/ von den Schaltungsextraktoren nicht berücksichtigt.

. Wir wollen uns hier auf die Berechnung der Kapazitäten beschränken, die zwischen dem Substrat und den verschiedenen Leitungsebenen bestehen.

4.1.2.2   EXTRAKTION PARASITÄRER KAPAZITÄTEN

Wie oben gezeigt, bestehen die parasitären Kapazitäten bestimmter Leitungsebenen gegenüber dem Substrat aus einem Flächenanteil und einem Randanteil (Gl. 4.1).

$$C\ ges = C\ fl + C\ rand \qquad\qquad (Gl.\ 4.1)$$

$$C\ ges = A * Fläche + B * Umfang \qquad\qquad (Gl.\ 4.2)$$

Bei gegebenen technologie-abhängigen Parametern A und B reduziert sich die Kapazitätsextraktion also auf die Ermittlung von Fläche und Umfang der einzelnen Knoten (Gl. 4.2). Bei Knoten, die sich über mehrere Layer erstrecken, ist an den Cuts besondere Aufmerksamkeit geboten (Bild 4.16).

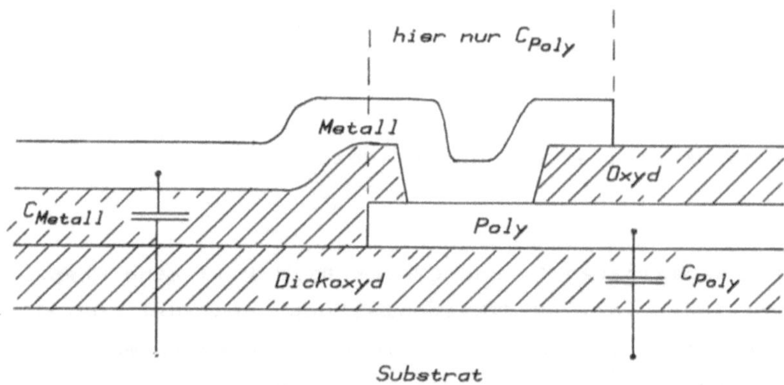

Bild 4.16   Kapazitäten am Cut

Hier überlappen Metall- und Poly-Gebiete, die elektrisch verbunden sind. Wegen des geringeren Abstands ist das Poly-Gebiet für die Größe der Kapazität ausschlaggebend, so daß bei Vorhandensein von Cuts die Teile des Metallgebiets, die über Poly- oder Diffusionsgebieten liegen, nicht in die

Flächenberechnung einbezogen werden dürfen. Auch der entsprechende Teil des Umfangs darf nicht berücksichtigt werden.

4.1.2.2.1   FLÄCHENBERECHNUNG

Unter der Voraussetzung orthogonaler Strukturen läßt sich die Flächenberechnung beim Polygon-orientierten Extraktor auf die Berechnung der Flächen unter den horizontalen Geraden reduzieren. Die Fläche eines Symbols ergibt sich aus der Summe der Flächen unter allen Oberkanten abzüglich der Summe der Flächen unter allen Unterkanten des Symbols (Bild 4.17).

Mit dem in Abschnitt 3.1 vorgestellten Datenformat der Polygon-orientierten Layoutdarstellung ist die Überprüfung, ob es sich bei einer bestimmten Kante eines Symbols um eine Ober- oder Unterkante handelt, sehr einfach. Nach der Vereinbarung aus Abschnitt 3.1 liegt das Innere eines Symbols immer links der Kante, wenn die Ecken des Symbols in der Reihenfolge der Darstellung im Datenformat betrachtet werden. Daraus folgt, daß eine Unterkante dann vorliegt, wenn der 2. Punkt der Kante rechts des 1. Punkts dieser Kante ist, das Symbol also oberhalb der Kante liegt (Bild 4.18a).

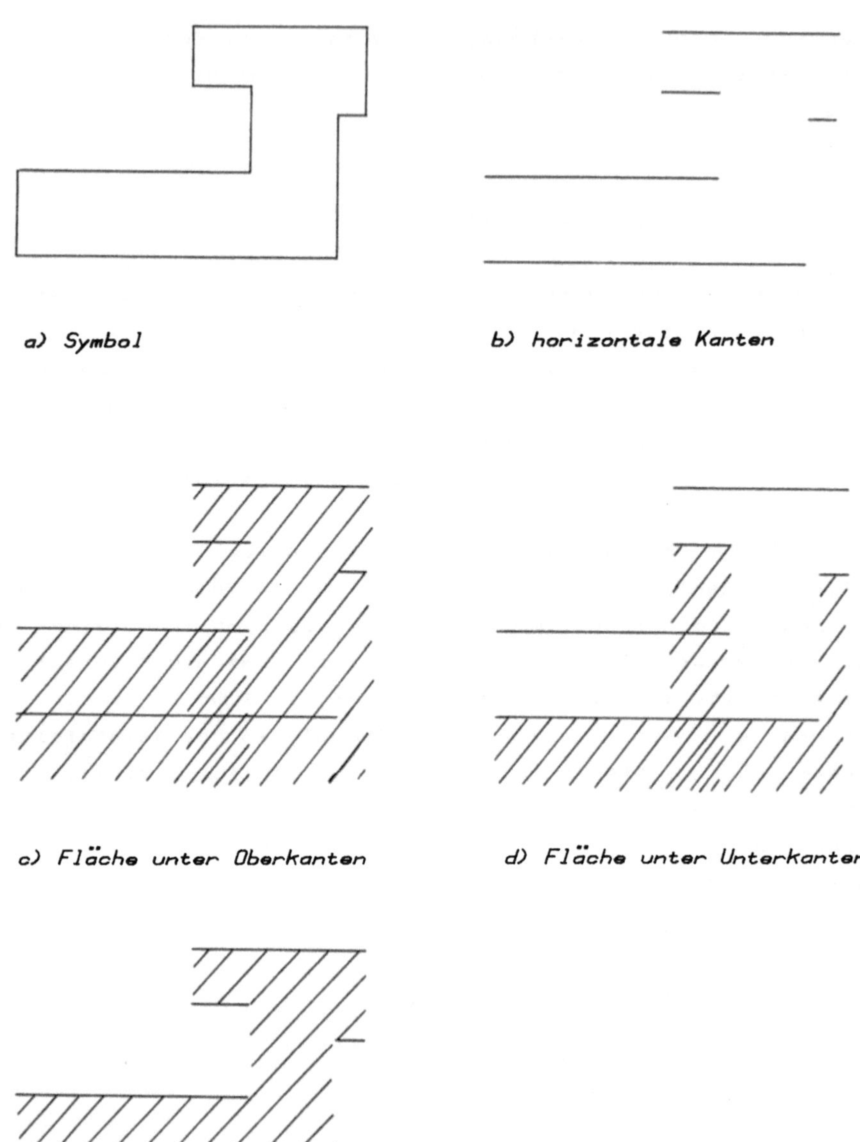

a) Symbol

b) horizontale Kanten

c) Fläche unter Oberkanten

d) Fläche unter Unterkanten

e) Fläche des Symbols

Bild 4.17 Flächenberechnung

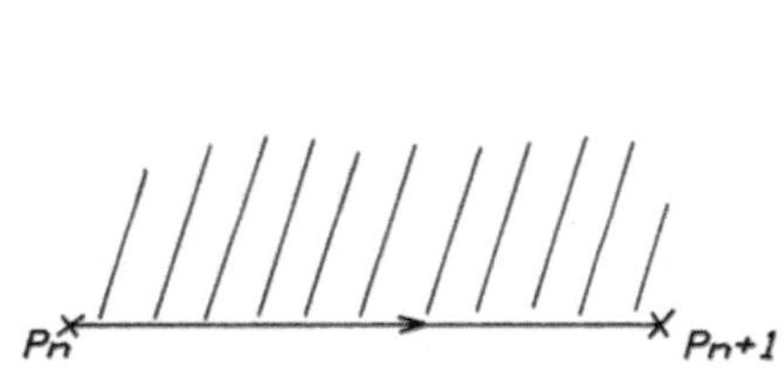
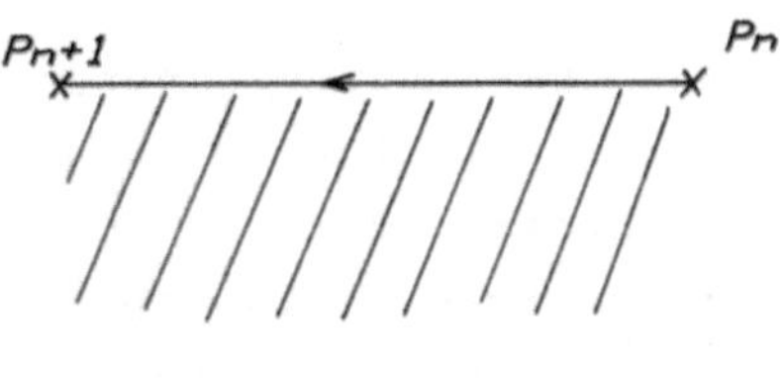

Bild 4.18   Unterscheidung von Symbolkanten

Entsprechendes gilt für die Symboloberkante (Bild 4.18b).
Das Verfahren läßt sich algorithmisch wie folgt darstellen:

ALGORITHMUS 4.2:

```
S: Symbol in Datenformat: P1, P2, ... Pl; Pl+1,...Pn;

ALGORITHMUS  SYMBOLFLÄCHE (S)
    FLÄCHE (S) := 0
    FOREACH Pair Pn, P n+1 in S DO
      IF y (Pn) = y (Pn +1)
        THEN                          (.horizontale Kante.)
          FLÄCHE(S): = FLÄCHE(S)+y(Pn)*(x(Pn)-x(Pn+1))
      END.
```

In Kapitel 3.1 wurde erläutert, daß Löcher in Symbolen
durch einen zweiten Polygonzug, der vom ersten durch ein
Semikolon getrennt wird, dargestellt werden können.   Der
Algorithmus Symbolfläche berücksichtigt automatisch die Fläche
der Löcher.

4.1.2.2.2 UMFANGSBERECHNUNG

Die Umfangsberechnung ist noch einfacher als die Berechnung der Fläche eines Symbols, da lediglich die Abstände der Eckpunkte des Symbols addiert werden müssen. Die Einschränkungen, die in Abschnitt 4.1.2.2 bezüglich des Cuts gemacht wurden, seien im folgenden Algorithmus vernachlässigt, der für orthogonale Strukturen gilt.

ALGORITHMUS 4.3:

```
ALGORITHMUS UMFANG (S)
S: Symboldatei

UMFANG (S) := 0
FOREACH Pair Pn, P n+1 in S DO
UMFANG(S):=UMFANG(S)+ABS(x(P n+1)-x(Pn)+y(P n+1)-y(Pn))
(.Bei    vertikalen  Kanten  ist  x (P n+1) - x (Pn) = 0.)
(.Bei    horizontalen Kanten  ist  y (P n+1) - y (Pn) = 0.)
END.
```

4.1.3 PARASITÄRE WIDERSTÄNDE

Die in VLSI-Schaltungen verwendeten Leitungen aus den Materialien Poly, Diffusion oder Metall haben jeweils einen bestimmten Widerstand (Abschn. 1.3.1). Durch diesen Widerstand kann es insbesondere bei langen Diffusions- und Poly-Leitungen zu Spannungsabfällen kommen. Aber auch stark belastete Metalleitungen, z.B. für Takt oder Versorgungsspannung, können zu einem verschlechterten Signalpegel am Ende der Leitung führen. Der Widerstand einer rechteckigen Leitung (Bild 4.19) ergibt sich nach Gl. 4.3.

$$R = R\,spez * L/B \qquad\qquad (Gl.\ 4.3)$$

mit dem spezifischen Widerstandsbelag nach Tabelle 1.1.

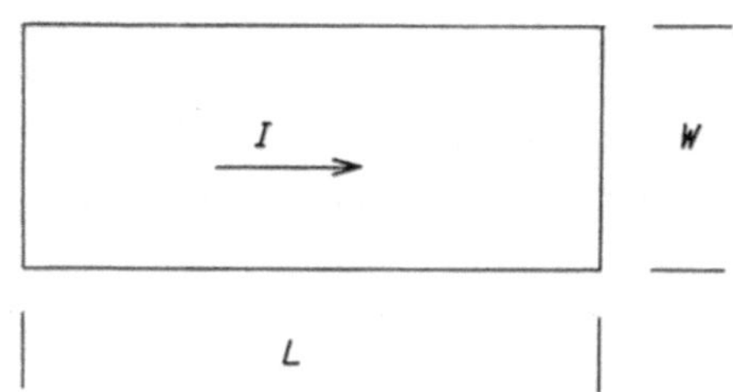

Bild 4.19   rechteckige Leitung

In erster Näherung läßt sich der Widerstand zusammengesetzter Leitungen (Bild 1.10) nach der in Abschnitt 1.3.1 beschriebenen Methode errechnen. Einer genaueren Betrachtung hält diese Methode jedoch nicht stand, da die Stromverteilung bei zusammengesetzten Leitungselementen nicht homogen ist (Bild 4.20), und die einfache Methode zu kleine Widerstandswerte liefern wird.

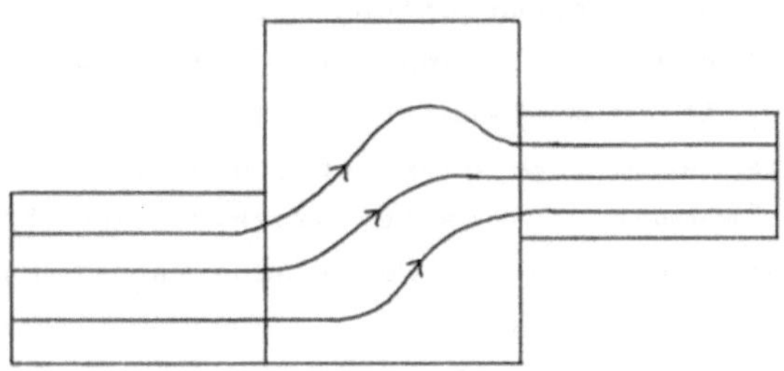

Bild 4.20   Stromdichte zusammengesetzter Leitungen

Eine exakte Berechnung des Potentialverlaufs mit Methoden der theoretischen Elektrotechnik ist andererseits zu aufwendig, um bei einer Vielzahl von komplizierten Leitungsverläufen angewendet zu werden. Es wird somit folgende Lösung vorgeschlagen:

1. Zerlegen der Leitung in Rechtecke.
2. Bestimmung der Richtung des Stromflusses.
3. Ersetzen der Rechtecke durch parameterisierte Widerstands-modelle.
4. Ermittlung des Gesamtwiderstands.

4.1.3.1   FLÄCHENAUFSPALTUNG VON LEITUNGEN

Eine Aufteilung der Leitungsfläche in Rechtecke ist derart möglich, daß an allen inneren Ecken des Leitungssymbols die Kanten verlängert werden, bis sie eine weitere Kante des Symbols schneiden (Bild 4.22). Innere Ecken sind die, bei denen 270 Grad der Umgebung im Inneren des Symbols liegen (Bild 4.21).

4.1.3.2   BESTIMMUNG DER HAUPTSTROMRICHTUNG

Zur Bestimmung der Stromrichtung ist zunächst ein Anfangspunkt (die Stromquelle) und ein Endpunkt notwendig (Senke). Beginnend mit dem Rechteck, das die Stromquelle enthält, werden die Rechtecke numeriert, und zwar erhält das Anfangsrechteck die Nummer 1, seine direkten Nachbarn die Nummer 2 und deren Nachbarn wiederum eine Zahl höher (Bild 4.23), bis die Senke erreicht wird.

Die Hauptrichtung des Stromflusses wird jetzt ermittelt, indem von der Senke aus die Leitung zurückverfolgt wird. Dieser Weg führt jeweils von einem Rechteck in das benachbarte mit der niedrigsten Nummer (Bild 4.24) /33/.

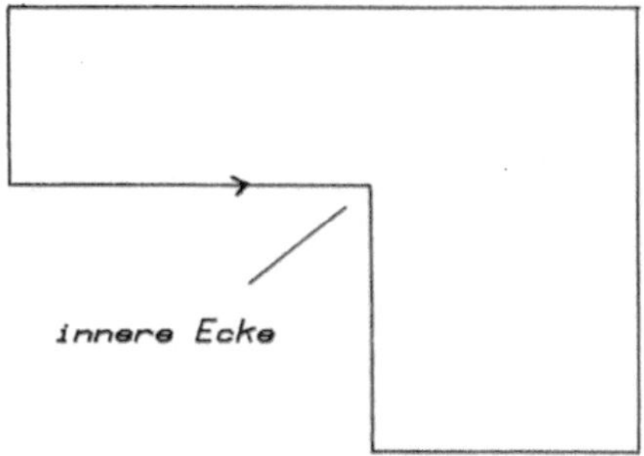

Bild 4.21   innere Ecke eines Symbols

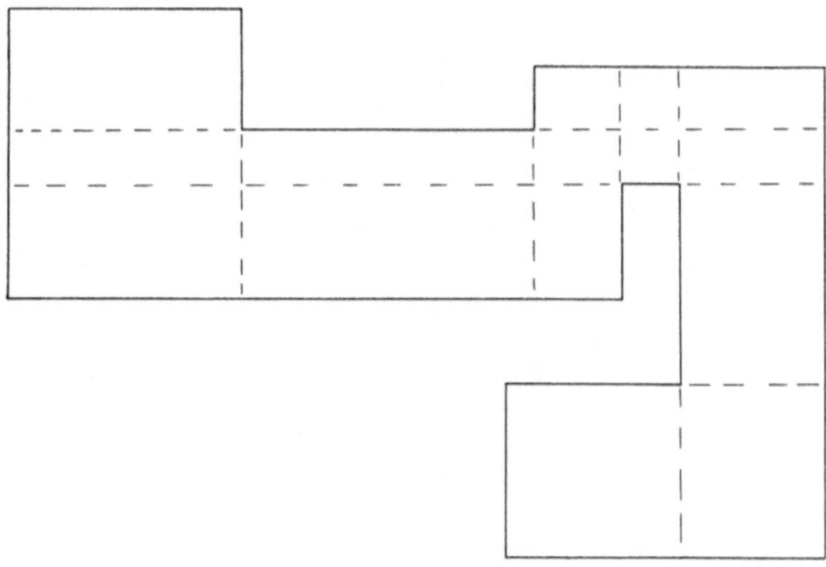

Bild 4.22 Aufteilung eines Symbols in Rechtecke

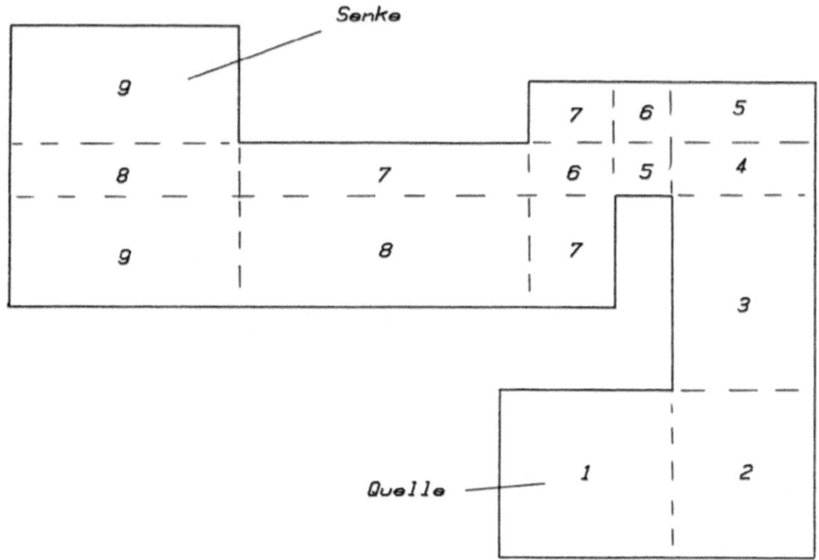

Bild 4.23   Numerierung der Rechtecke

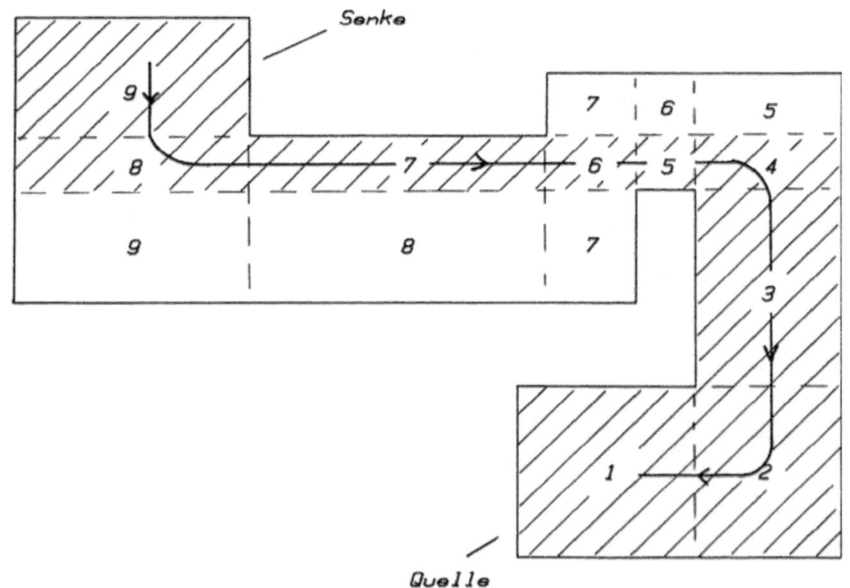

Bild 4.24   Zurückverfolgung des Strompfades

4.1.3.3   PARAMETRISIERTES WIDERSTANDSMODELL

Um eine möglichst exakte Berechnung des Widerstands zu erreichen, müßten die Modelle der einzelnen Teilwiderstände auch Informationen über den weiteren Verlauf der Leitung besitzen. Das Beispiel nach Bild 4.25 zeigt, daß die Stromdichte in Rechteck 9 davon abhängt, ob sich in Rechteck 8 die Richtung des Hauptstromflusses ändert oder nicht.

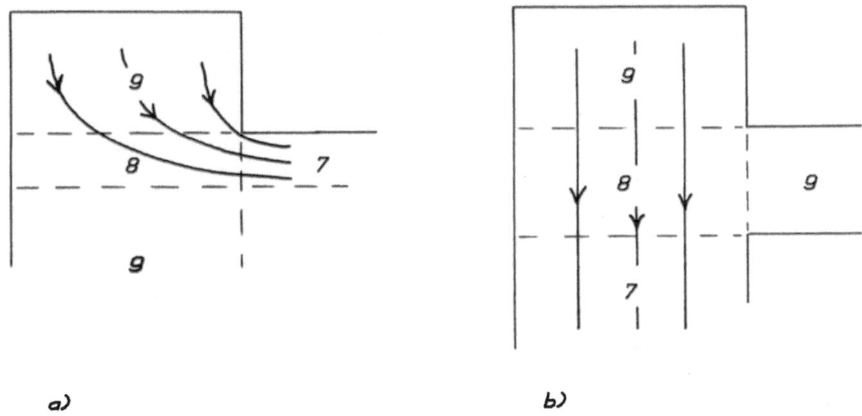

Bild 4.25   Stromdichte in Abhängigkeit des weiteren
            Leitungsverlaufs

Bei einer solchen "Vorausschau" würde der Aufwand für die Berechnung jedoch sehr stark ansteigen, so daß es sich als Kompromiß anbietet, lediglich zwei Modelle zu benutzen, die jeweils nur vom aktuell betrachteten Rechteck abhängen:

1. im aktuellen Rechteck ist die Richtung des Hauptstroms
   gleich der Richtung des Hauptstroms in dem vorher betrachteten Rechteck.
2. im aktuellen Rechteck ändert sich die Richtung des Hauptstroms.

DEFINITION 4.1

Die Richtung des Hauptstroms ist die Richtung vom
Mittelpunkt des Rechtecks zur Kante des nächsten
Rechtecks (s. Bild 4.26).

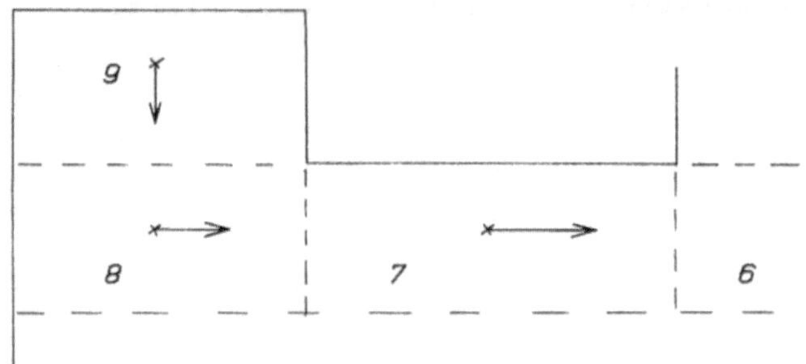

Bild 4.26   Richtung des Stroms

Im Beispiel   nach   Bild   4.26   ändert   sich   die
Stromflußrichtung in Rechteck 8, während sie in Rechteck 7
konstant bleibt.

Zur Widerstandsberechnung werden die Rechtecke wieder
zusammengefaßt, die parallel zueinander liegen, z.B. 7 und 8
in Bild 4.24. Dies geschieht bei Rechtecken ohne
Richtungsänderung, indem senkrecht zur Stromrichtung bis zum
Rand des Symbols die nebeneinander liegenden Rechtecke
zusammengefaßt werden. Bild 4.27 zeigt die zusammengefaßten
Rechtecke aus Bild 4.24.

Die Symbole 8, 9 und 5, 4 bleiben auch nach dieser
Zusammenfassung getrennt, da sich in ihnen die Stromrichtung
ändert. Sie sind jedoch dadurch gekennzeichnet, daß sie die
gleiche Kante des benachbarten Symbols berühren. So berühren
z.B. Symbol 8 und das darunter liegende Symbol 9 gemeinsam die

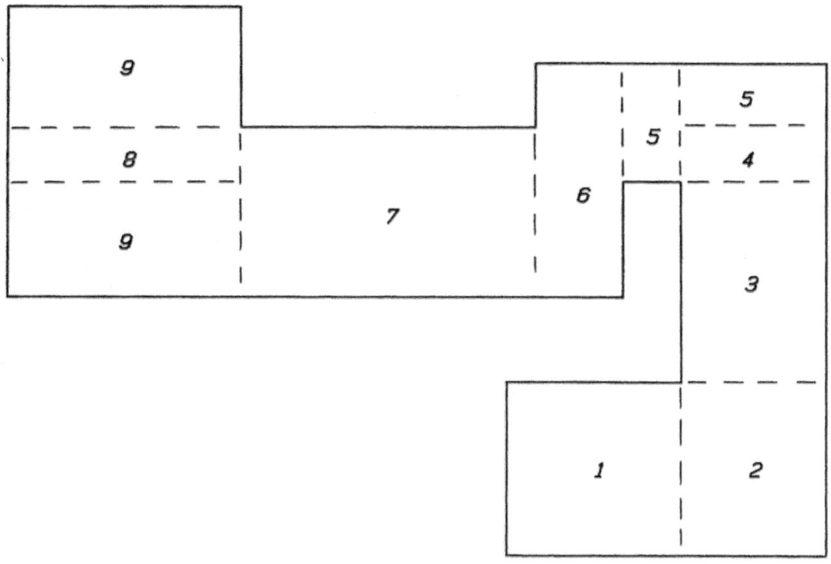

Bild 4.27   Zusammenfassung von Rechtecken

linke Kante von Symbol 7.   Diese Symbole lassen sich auch noch
zusammenfassen und stellen die Rechtecke dar, in denen sich die
Stromrichtung ändert.   Damit sind alle Rechtecke auf die beiden
Fälle reduziert, in denen sich

    a) die Stromrichtung ändert;

    b) die Stromrichtung nicht ändert.

    Alle Rechtecke lassen sich durch die in den Bildern 4.28
und 4.29 dargestellten Modelle ersetzen, und nach geeigneter
Aufstellung von Modellgleichungen mit den Parametern aus Bild
4.28 und 4.29 lassen sich die Widerstände der Rechtecke
ermitteln.   Durch Addition der so gewonnenen Teilwiderstände
kann der Gesamtwiderstand der Leitung berechnet werden (Bild
4.30).

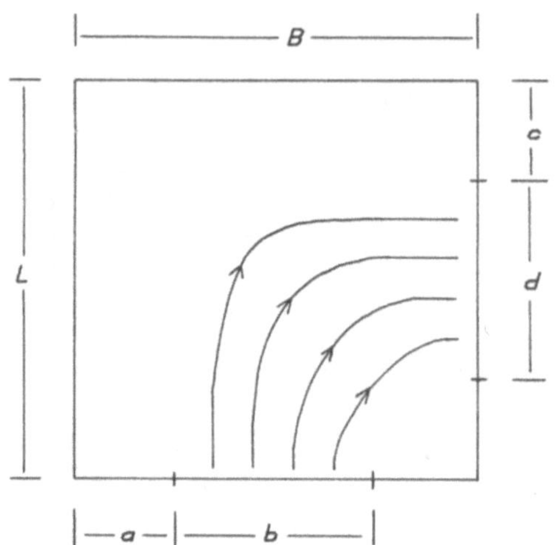

Bild 4.28   Widerstandsmodell für geänderte Stromrichtung

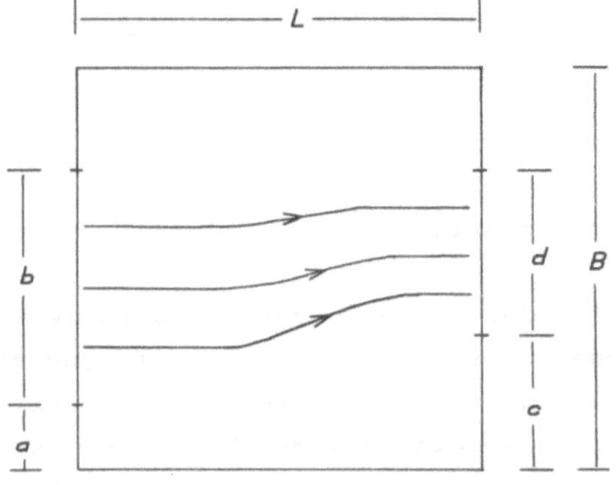

Bild 4.29   Widerstandsmodell für nichtgeänderte Stromrichtung

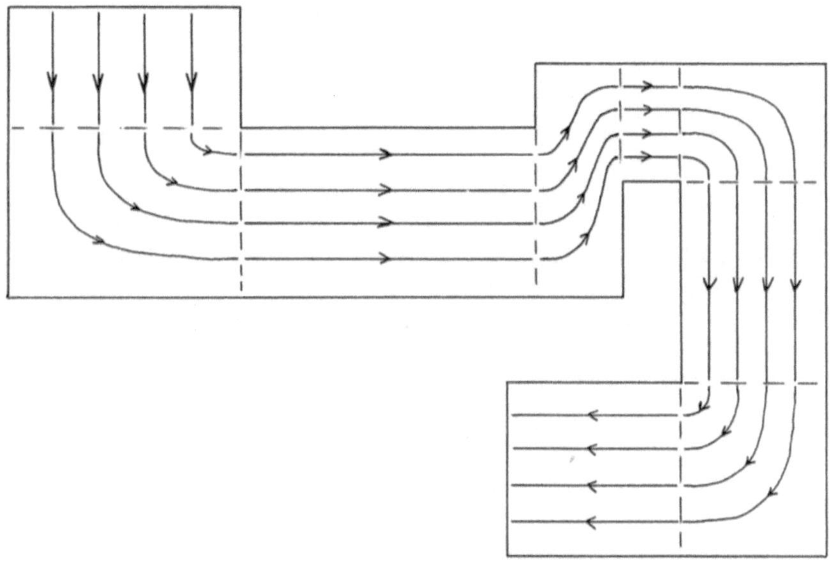

Bild 4.30   Zusammensetzung der Widerstandsmodelle

4.1.3.4   SCHWÄCHEN DER WIDERSTANDSBERECHNUNG

Der in Abschnitt 4.1.3.2 vorgestellte Algorithmus versagt
bei Vorhandensein von parallelen Leitungszweigen (Bild 4.31).
Hier wird der Leitungszweig als die Hauptrichtung ermittelt,
der die wenigsten Ecken aufweist.

Die Methode zur Widerstandsberechnung bedarf noch weiterer
Ergänzungen zur Beachtung von Cuts, jedoch ist der Algorithmus
in der Lage, relativ genau das Länge/Breiten-Verhältnis von
Transistoren zu berechnen.

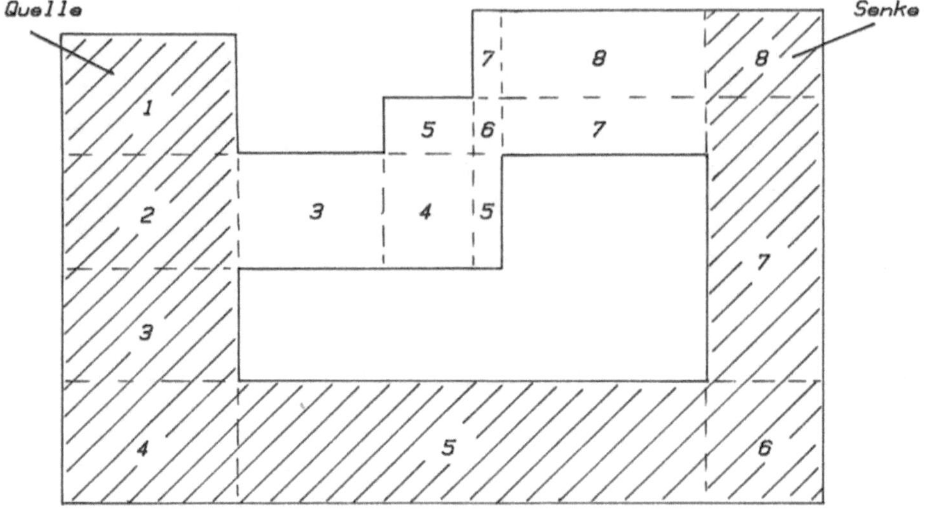

Bild 4.31   Parallele Leitungszweige

4.2 Raster-orientierte Schaltkreisextraktion

Die Raster-orientierte Schaltkreisextraktion geht von dem gleichen Datenformat aus, welches für den Raster-orientierten Design-Rule-Check in Abschnitt 3.2 vorgestellt wurde. Auch der Schaltkreisextraktor macht von den in Abschnitt 3.2.1 beschriebenen logischen Operationen auf Layer Gebrauch, um z.B. virtuelle Layer für Transistorkanäle und Cuts zu erzeugen. Im Gegensatz zum Design-Rule-Check ist das vom Extraktor benötigte Fenster jedoch kleiner, da der Extraktor folgende Informationen benötigt:

1. Auf welchem Layer ist der betrachtete Rasterpunkt vorhanden? (Leitung, Transistor, Cut, leer)

2. Gibt es Verbindungen zu benachbarten Rasterpunkten? (Knotenerkennung)

3. Handelt es sich um die Kante eines Symbols? (Umfangsberechnung, Transistoranschlüsse)

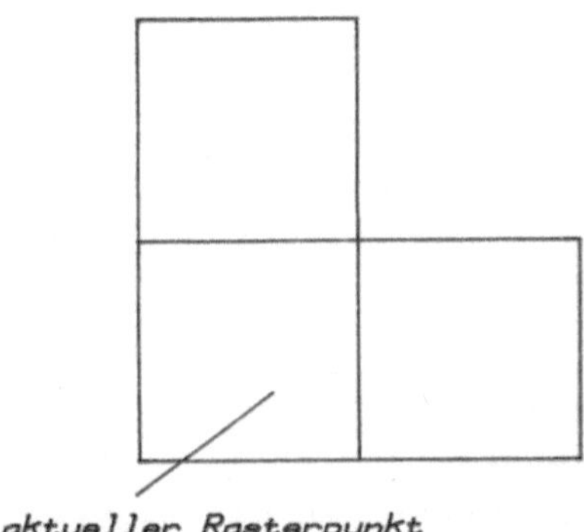

Bild 4.32   Fenster für Schaltkreisextraktion

Diese Fragen lassen sich mit einem Fenster nach Bild 4.32 beantworten. Wenn das gesamte Layout mit diesem Fenster wie in Bild 3.34 abgetastet wird, so können alle Schaltkreisextraktionen sowie Flächen- und Umfangsberechnungen durchgeführt werden. Soll auch eine Widerstandsermittlung nach dem in Abschnitt 4.1.3 aufgeführten Verfahren durchgeführt werden, so ist ein Fenster nach Bild 4.33 notwendig, und dieses muß in x- und y-Richtung frei auf dem Chip bewegt werden können.

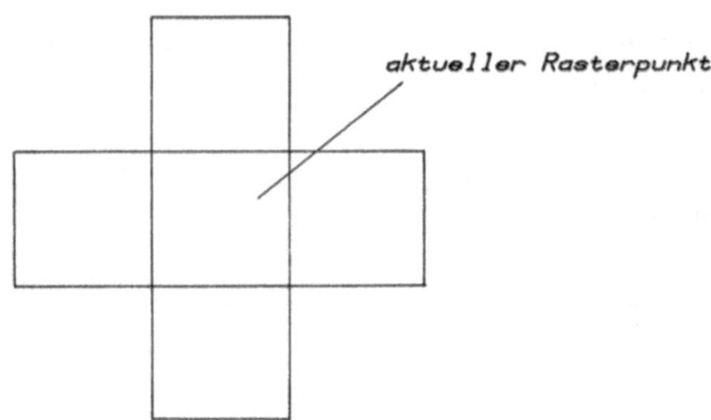

Bild 4.33   Fenster für Widerstandsextraktion

4.2.1   ERMITTLUNG DER NETZLISTE

Die Netzliste einer Schaltung wird ermittelt, indem das
Fenster (Bild 4.32) in Lambda-Schritten von links nach rechts
über das Layout geschoben und nach Erreichen des rechten Randes
eine Zeile nach oben und an den linken Rand gesetzt wird (Bild
3.34). An jedem Standort des Fensters werden folgende
Überprüfungen durchgeführt:

1. Hat der aktuelle Rasterpunkt Kontakt zu den benachbarten
   Rasterpunkten oben oder rechts?

2. Hat der aktuelle Rasterpunkt Kontakt zu einem benachbarten
   Transistoranschluß?

3. Ist der aktuelle Rasterpunkt ein Cut?

Hieraus läßt sich die Netzliste mit Transistoranschlüssen
und Knotennamen sowie eine Cross-Referenz-Liste erstellen. Die
folgenden Schritte können simultan bei einem einzigen
Abtastdurchlauf des Chips durchgeführt werden.

4.2.1.1 ERMITTLUNG DER KNOTEN DER SCHALTUNG

Ein Knoten der Schaltung wird bei den in Bild 4.34 dargestellten Fällen ermittelt.

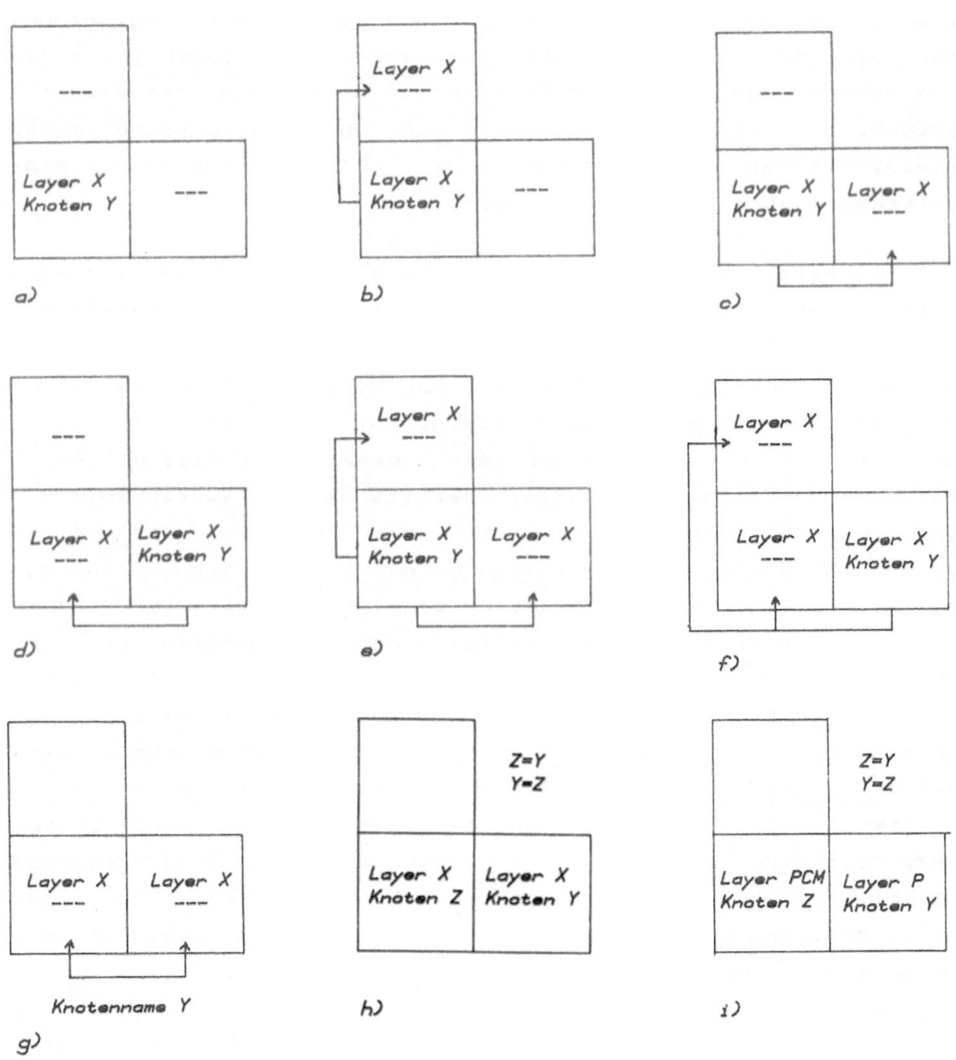

Bild 4.34   Erkennung von Knoten

Um mit einem Abtastdurchlauf auszukommen, muß für jeden Rasterpunkt ein Speicherplatz vorgesehen sein, der die Informationen aus dem Layout enthält und auch Platz für die Aufnahme von Knotennamen hat. Da auf einem Rasterpunkt zwei verschiedene Knoten vorhanden sein können (z.B. Poly und Metall), müssen zwei Speicherplätze zur Verfügung stehen, um zwei Knotennamen aufnehmen zu können. Diese Forderung erhöht den Speicherbedarf des Extraktors erheblich, jedoch ist davon auszugehen, daß zukünftige Schaltungen hochgradig hierarchisch aufgebaut sein werden, so daß bei Verwendung eines hierarchischen Extraktors der Speicherbedarf eine untergeordnete Rolle spielen wird.

Im Falle des Beispiels nach Bild 4.34a) ist der aktuelle Rasterpunkt ein Endpunkt eines Knotens Y, und es existieren keine Verbindungen zu den benachbarten Rasterpunkten. Bei Fall b) und c) hat der aktuelle Rasterpunkt den Knotennamen Y, und es existiert ein benachbartes Raster auf dem gleichen Layer, welches also auch den Knotennamen Y erhält. In Fall d) und f) hat ein benachbartes Raster bereits einen Knotennamen - Benutzername oder Name aus tieferer Zeile -, der auf den aktuellen Rasterpunkt übertragen wird. Es kann auch vorkommen, daß ein Rasterpunkt mit zwei benachbarten Rastern Kontakt hat und somit beide Raster den betreffenden Knotennamen erhalten (Fall e). Fall g) bezieht sich auf den Fall, daß ein Raster noch keinen Knotennamen hat und der Extraktor einen Namen generieren muß. Wie beim Polygon-orientierten Schaltkreis-extraktor kann es natürlich auch beim Raster-orientierten Extraktor zu Namenskonflikten kommen, wenn zwei Raster verbunden sind, die schon verschiedene Knotennamen besitzen (Bild 4.34 h). Auch hier kann das Problem durch eine Cross-Referenz-Liste (Synonymliste) gelöst werden, in der beide Knotennamen gleichgesetzt werden. Dieses Vorgehen stellt auch die Richtigkeit der Netzliste bei Cuts sicher, die durch logische .AND. Verknüpfung der Layer Metall, Cut und Poly oder Diffusion gefunden werden können. Bei einem zweiten Durchlauf könnten dann alle Raster eines Knotens mit dem gleichen Knotennamen versehen werden.

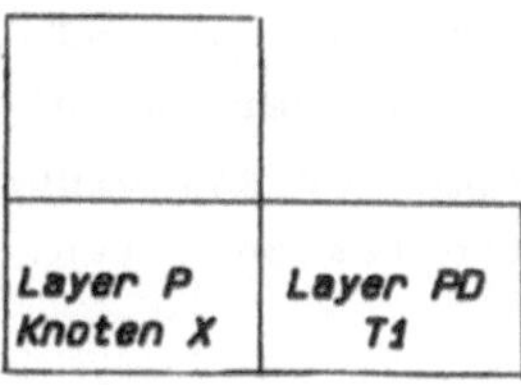

Bild 4.35   Transistorerkennung

4.2.1.2 ERMITTLUNG DER TRANSISTORANSCHLÜSSE

Bild 4.35 zeigt einige Beispiele, wie die Anschlüsse eines Transistors an die Knoten des Netzwerks durch das Fenster gefunden werden können. Für jeden gefundenen Transistor wird ein Name generiert und ähnlich wie die Knotennamen in das Pixelfile eingetragen.

Der Transistorkanal wird durch logische .AND.-Verknüpfung der Layer Poly und Diffusion erkannt. Die Unterscheidung nach selbstleitendem oder selbstsperrendem Typ erfolgt anhand des Vorhandenseins von Implant. Die Festlegung der Anschlüsse erfolgt aufgrund der Nachbarschaftsbeziehungen der Rasterpunkte und wird in einer separaten Transistortabelle festgehalten.

Bei einfachen, rechteckigen Kanälen läßt sich das Länge/Breite-Verhältnis der Transistoren auch mit einem Abtastdurchlauf ermitteln. Bild 4.36 zeigt das Layout eines einfachen Transistors. Bild 4.37 zeigt das Abtastfenster aus 4.36 im Detail.

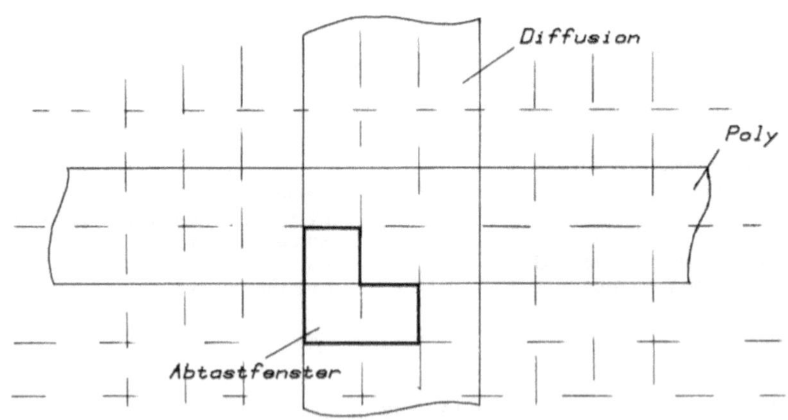

Bild 4.36 Transistorlayout im Lambda-Raster

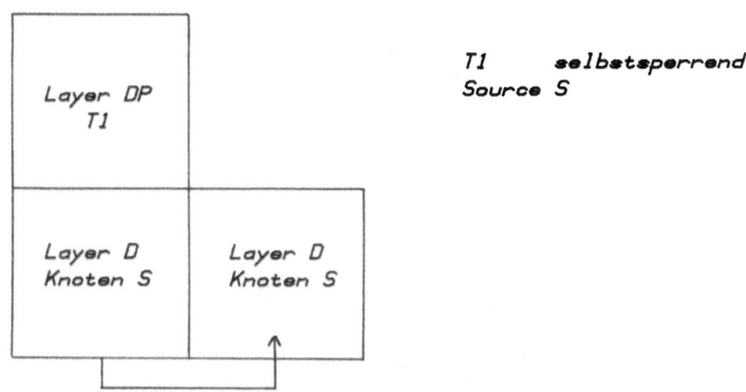

Bild 4.37   1.Fenster auf Transistor vertikal

Hier kann bereits erkannt werden, daß der Transistorkanal vertikal verläuft. Das obere Raster ist also die linke untere Ecke des Kanals (1. Fenster, in dem der Transistor auftritt). Wenn beim Scan bereits in die Speicher der Rasterpunkte eingetragen wird, um die wievielte Spalte bzw. Zeile bezogen auf die linke untere Kante es sich handelt, so kann bei Erreichen der rechten oberen Ecke des Kanals bereits das Länge/Breite-Verhältnis des Transistors angegeben werden, wenn man weiß, ob es sich um einen vertikalen oder horizontalen Kanal handelt. Bild 4.38 verdeutlicht die Numerierung der Zeilen und Spalten.

Wenn beim Scan die rechte obere Ecke des Kanals erreicht wird, so ergibt sich eine Situation nach Bild 4.39.

Da der Kanal vertikal verläuft, ergibt sich hier W/L = 5/2. Dieses Verfahren gilt selbstverständlich nur für rechteckige Transistorkanäle.

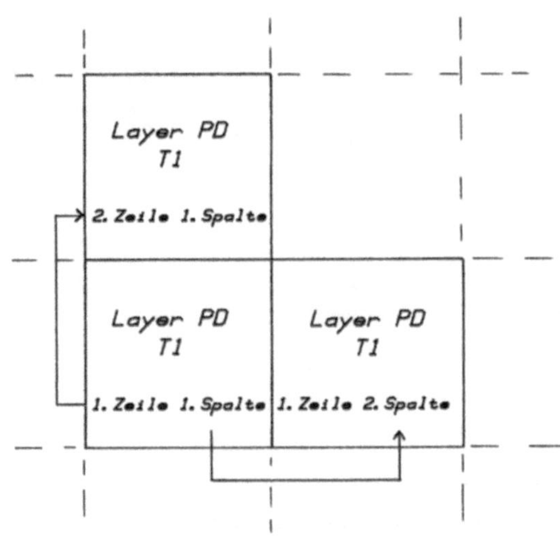

Bild 4.38   Numerierung der Zeilen und Spalten

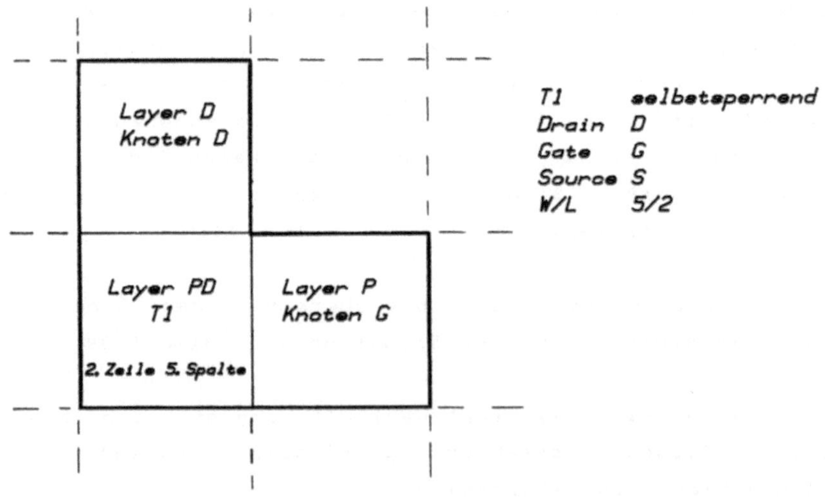

Bild 4.39   rechte obere Ecke des Kanals

4.2.2   KAPAZITÄTSBERECHNUNG

Wie in Abschnitt 4.1.2.2, Gleichung 4.1 und 4.2, angegeben, läßt sich die Kapazität einer Leitung bestimmen, wenn deren Fläche und Umfang bekannt sind. Diese beiden Werte lassen sich ebenfalls bei dem ersten Scan des Fensters über das Layout ermitteln.

Die Fläche eines Knotens ergibt sich aus der Summe der Rasterpunkte dieses Knotens, wobei für jedes Layer eine eigene Summe gebildet werden muß. Die einfachste Methode zur Flächenberechnung ist die, jedem Knoten für jedes auftretende Layer einen Speicher zuzuordnen, der jedes Mal inkrementiert wird, wenn im aktuellen Fenster das betreffende Layer des Knotens vorhanden ist (Bild 4.40).

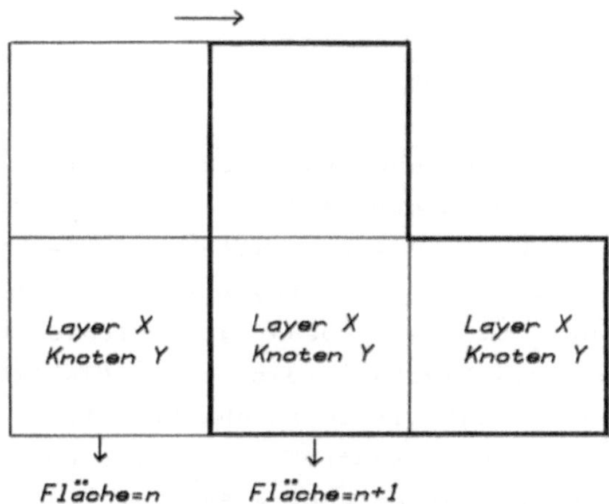

Bild 4.40   Flächenberechnung

Der Umfang eines Knotens läßt sich ebenfalls sehr einfach ermitten, da jeder vertikale oder horizontale Übergang vom Vorhandensein ins Nichtvorhandensein eines Layers mit dem Fenster genau einmal registriert wird und somit auch leicht aufsummiert werden kann (Bild 4.41).

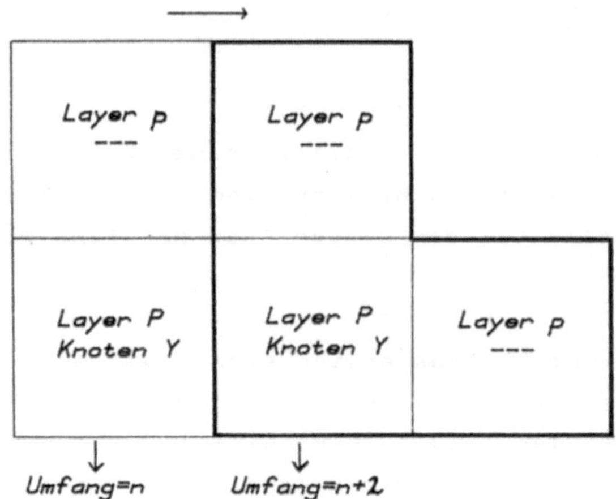

Bild 4.41   Umfangsberechnung

4.2.3 WIDERSTANDSBERECHNUNG

Die Widerstandsberechnung kann beim Raster-orientierten
Extraktor nach dem in Abschnitt 4.1.3 vorgestellten Verfahren
durchgeführt werden, wobei die Aufspaltung in Rechtecke wegen
der gerasterten Darstellung des Layouts entfallen kann. Hier
wird das Fenster nach Bild 4.33 benötigt, welches beliebig in
x-und y-Richtung verschiebbar sein muß. Die Ermittlung der
Hauptstromrichtung erfolgt wie in Abschnitt 4.1.3.2 beschrieben
durch Numerierung der Raster von der Quelle ausgehend
aufsteigend. Durch das verschiebbare Fenster sind jeweils alle
Nachbarn des aktuellen Rasters bekannt (Bild 4.42).

Die Rückverfolgung der Hauptstromrichtung geschieht wie in
Abschnitt 4.1.3, indem von der Senke ausgehend der jeweilige
kleinste Nachbar des aktuellen Rasters gesucht wird (Bild
4.43).

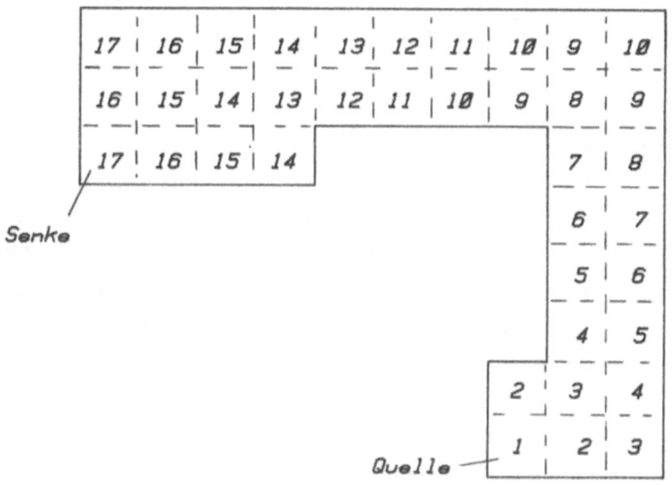

Bild 4.42   Numerierung der Raster

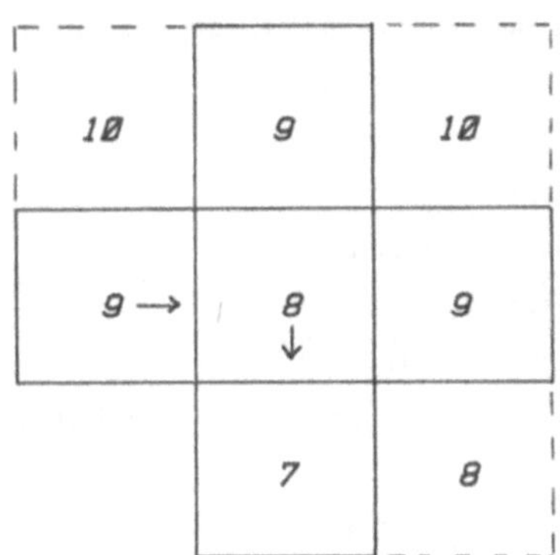

Bild 4.43   Ermittlung der Hauptstromrichtung

Wie Bild 4.43 zeigt, wird bei der Zurückverfolgung auch festgestellt, ob sich die Hauptstromrichtung geändert hat. So kann der Extraktor durch gezieltes Vortasten senkrecht zur Hauptstromrichtung bis zum Rand der Leitung die Breite der

Widerstandsbahn und ihre Anschlüsse erkennen und das entsprechende Widerstandsmodell (Abschnitt 4.1.3.3) einsetzen.

4.2.4   EXTRAKTIONSMASCHINE

Ähnlich wie beim Design-Rule-Check ist auch beim Extraktor die Realisierung als Extraktionsmaschine denkbar. Das Betrachtungsfenster könnte wieder als Cache aufgebaut werden, dessen Ausgänge durch ein Schaltnetz ausgewertet werden, welches die verschiedenen benötigten Befehle auslöst. Die Maschine muß über ein Speicherfeld für die Transistor-, Knoten- und Cross-Referenz-Liste sowie über Inkrementierer zur Generierung von Knotennamen und für die Kapazitätsermittlung verfügen. Bei ausreichendem Hardwareaufwand können die verschiedenen Operationen parallel durchgeführt werden, jedoch ist auch der Einsatz eines Sequenzers denkbar, der die Operationen sequentiell abarbeiten läßt (Bild 4.44).

Die durchzuführenden Operationen sind im einzelnen:

1. Generiere Knotennamen.
2. Inkrementiere Flächenzähler.
3. Inkrementiere Umfangszähler.
4. Übertrage Knotennamen.
5. Generiere Transistornamen.
6. Trage Gate-, Source- oder Drain-Anschluß in die Transistorliste ein.
7. Erzeuge Eintrag in Cross-Referenz-Liste.
8. Inkrementiere Spaltenzähler (für W/L von Transistoren).
9. Inkrementiere Zeilenzähler (für W/L von Transistoren).
10. Trage W/L in Transistorliste ein.

Ähnlich wie beim Design-Rule-Checker liegt auch bei der Extraktionsmaschine der Hauptzeitbedarf in der Datenübertragung vom Speicher des Host-Rechners in den Speicher der Maschine.

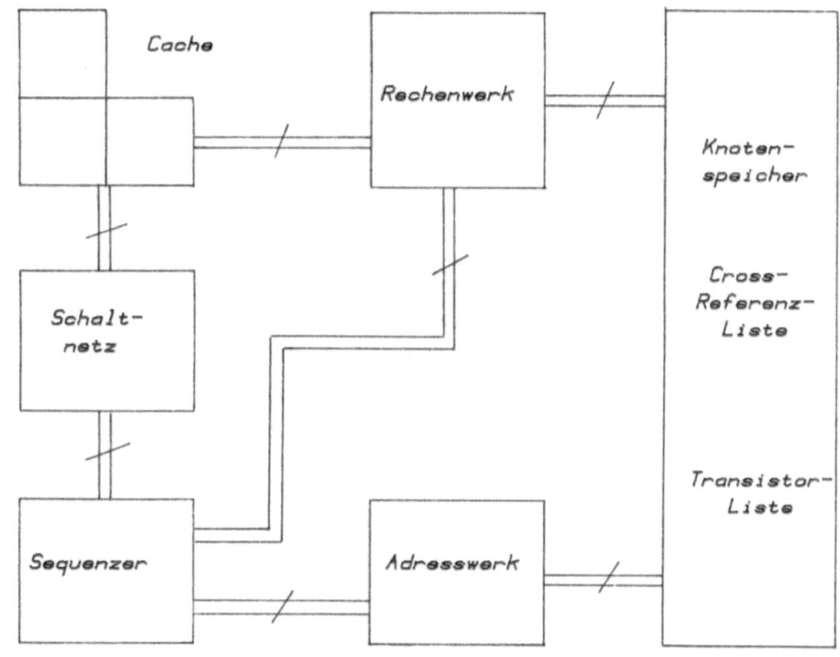

Bild 4.44   Extraktionsmaschine

Zur Extraktion des Widerstandes von Leitungen ist prinzipiell auch eine Maschine geeignet, die nach dem Verfahren in Abschnitt 4.1.3 und 4.2.3 arbeiten könnte, jedoch ist hier eine hochgradig parallele Bearbeitung nur mit einem Fenster möglich, welches die gesamte Form der Leitung enthält. Da eine Leitung prinzipiell die Längenausdehnung der Gesamtschaltung aufweisen kann, müßte also das Fenster die Größe der Gesamtschaltung besitzen. Dieses Vorgehen ist praktisch nicht durchführbar, und somit muß die Widerstandsextraktion sequentiell durchgeführt werden. Hierzu könnte z.B. ein mikroprogrammierbarer Spezialprozessor entwickelt werden, der die folgenden Befehle beherrschen müßte:

1. Numeriere die Nachbarn aller Rasterpunkte mit gleicher Nummer wie das aktuelle Raster.
2. Verschiebe das Fenster auf das Nachbar-Raster mit der nächsthöheren Nummer.
3. Verschiebe das Fenster auf das Nachbar-Raster mit der niedrigsten Nummer.
4. Prüfe, ob sich die Stromrichtung ändert.
5. Ermittle die Breite des Strompfades.
7. Ermittle die Anschlüsse des aktuellen Widerstandssegments.
8. Summiere die Widerstandswerte aller Segmente.

Diese Widerstandsextraktion ist recht zeitaufwendig, so daß sie nur dann durchgeführt werden sollte, wenn anschließend eine Schaltkreissimulation oder ein Electrical-Rule-Check beabsichtigt ist. Eine reine Logiksimulation oder Logikextraktion ist auch ohne Kenntnis der exakten Widerstandswerte und Transistorgeometrie möglich.

4.3 Hierarchische Schaltkreisextraktion

Strukturierte Schaltkreisentwürfe bestehen aus einer Hierarchie von Zellen und Unterzellen (Bild 4.45 und 3.35).

Die einzelnen Unterzellen werden in der Regel mehrfach genutzt, so daß ein Großteil der Informationen eines vollständig aufgelösten Layouts (keine Hierarchie mehr) redundant ist. Eine hierarchische Schaltkreisextraktion ist in der Lage, dies zu berücksichtigen und jede Zelle nur einmal zu extrahieren. Die Abarbeitung des Zellenbaums kann ähnlich wie beim hierarchischen Design-Rule-Checker erfolgen (Abschnitt 3.3).

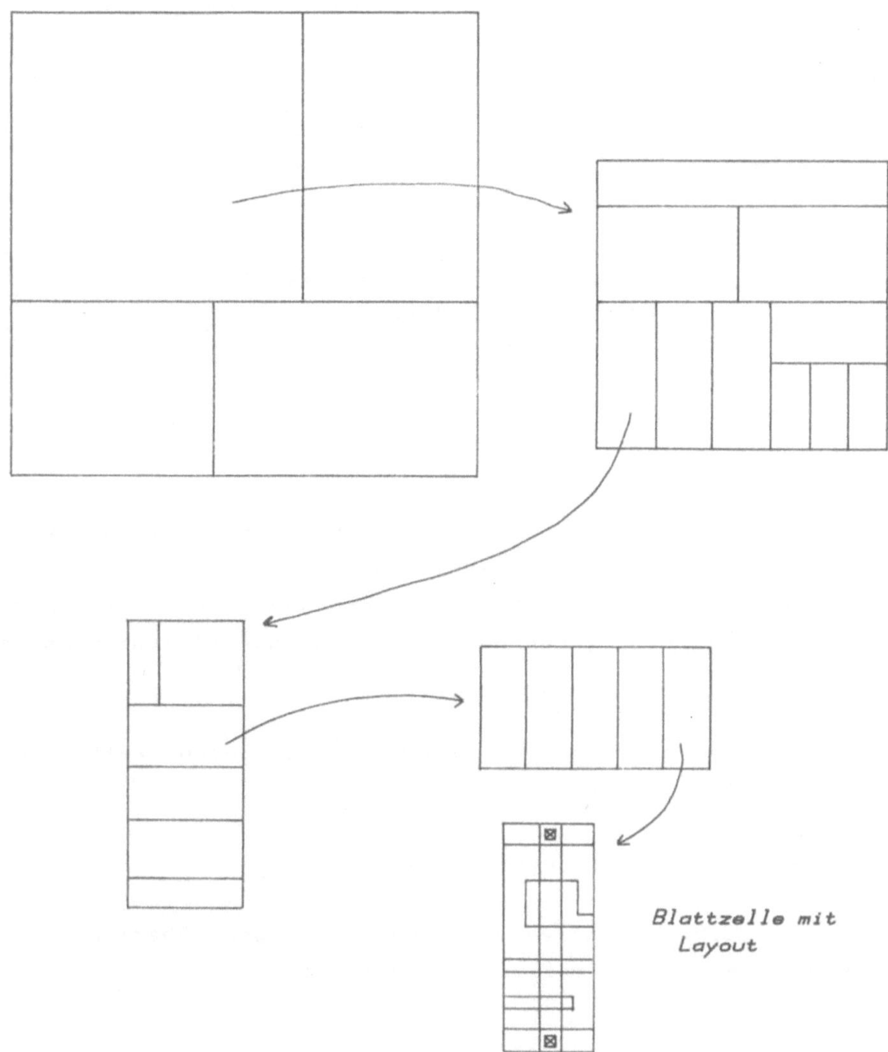

Bild 4.45   Zellenstruktur einer Schaltung

ALGORITHMUS 4.4

```
PROCEDURE EXTRAKT (Zelle)
BEGIN
   FOR i = 1 TO Anzahl Subzellen DO
      BEGIN
         IF SUBZELLE (.i.) = not extracted
             THEN EXTRAKT (SUBZELLE(.i.));
      END
   SCHALTUNGSEXTRAKT (Zelle);
END.
```

Wenn alle Unterzellen einer Zelle extrahiert wurden, so müssen zur Schaltkreisextraktion der Zelle noch die Verbindungen der Unterzellen untereinander ermittelt werden. Hier ist es sinnvoll, den Designer folgenden Einschränkungen zu unterwerfen:

1. Aktive Elemente und Cuts dürfen nicht durch Zellengrenzen geschnitten werden.

2. Zellen dürfen nicht überlappen.

3. Zellen dürfen nicht von fremden Leitungen überlappt, also nach ihrem Aufruf modifiziert werden.

Die Forderungen besagen, daß das Innere aller Zellen auf dem Layout exakte Abbildungen des Inneren der definierten Zelle sind. Es werden somit nachträglich keine weiteren Transistoren und Verbindungen innerhalb von Zellen erzeugt.

Aus den Forderungen ergibt sich, daß die gesamte Verdrahtung des Chips in den Zellen geschieht. Es ist also nicht mehr möglich, z.B. Stromversorgungsleitungen global auf dem Chip zu verdrahten. Diese Einschränkung kann vom Designer leicht hingenommen werden, da solche Leitungen in den einzelnen Zellen entworfen und durch Aneinandersetzen der Zellen verbunden werden können. Lediglich bei teilweise vordefinierten Strukturen ist der Entwickler durch die streng hierarchische Entwurfsmethode behindert. Hier sind insbesondere PLAs zu nennen, deren Gesamtstruktur als Zelle vorliegen könnte, und die später durch Einfügen zusätzlicher Diffusionsleitungen programmiert werden könnten /9/.

Für die Schaltkreisextraktion einer Zelle ohne Unterzellen (Blattzelle) eignet sich ein nicht hierarchischer Schaltkreisextraktor (Polygon- oder Raster-orientiert) (Abschn. 4.1 und 4.2) /22/.

Um die Gesamtnetzliste einer Struktur aus mehreren Unterzellen zu ermitteln, benötigt der Extraktor Informationen über die Anschlußknoten aller Unterzellen. Diese Information muß die geometrische Lage, das Layer und den Namen der Knoten enthalten. Es ist sinnvoll, bei der Schaltkreisextraktion jeder Zelle jeweils ein solches Interface der Zelle zu erzeugen. Dieses Interface stellt die Außenansicht der Zelle dar, während die Schaltung, die aus dem Inneren der Zelle extrahiert wurde, als Innenansicht bezeichnet werden kann. Interface und Innenansicht sollten gemeinsam in einer Datenbank gespeichert werden /27/.

Das Interface einer Zelle hat allgemeine Gültigkeit auf den verschiedenen Repräsentationsebenen eines Entwurfs (Layout-, Schaltkreis-, Logik- und RT-Ebene). Eine zweidimensionale hierarchische Datenbank könnte also alle Informationen speichern, die während des Entwurfs einer Schaltung von Bedeutung sind (Bild 4.46) /39/.

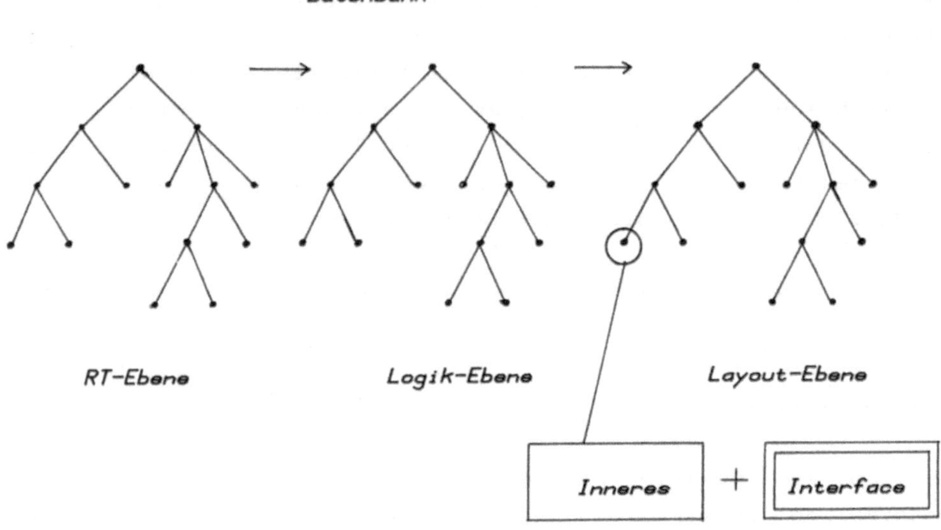

Bild 4.46   2-dimensionale hierarchische Datenbank

Mit geeigneten Extraktoren und mit Hilfe einer solchen Datenbank läßt sich aus den Zellen der Layout-Ebene ein entsprechender Datenbaum in der Schaltkreis- und Logik-Ebene generieren. Um in den einzelnen Ebenen wieder zu voll aufgelösten Darstellungen für die Simulation zu gelangen, werden Integratoren benötigt, die mit Hilfe der Interfaces der Zellen die Verbindung der Zellen untereinander erzeugen und Kopien des Zellinneren einbinden.

Bild 4.47 zeigt die verschiedenen Stadien der hierarchischen Extraktion.

Mit der Verbindung der Zellen durch Aneinanderstoßen (Abutment) ändern sich die Kapazitätswerte der Zellen in Abhängigkeit von ihrer Umgebung /20/, da sich der Umfang des Randknotens (Bild 4.47a) und d)) ändert. Die Teile des Umfangs, die im Interface enthalten sind, können also erst dann zur Umfangsberechnung herangezogen werden, wenn feststeht, daß

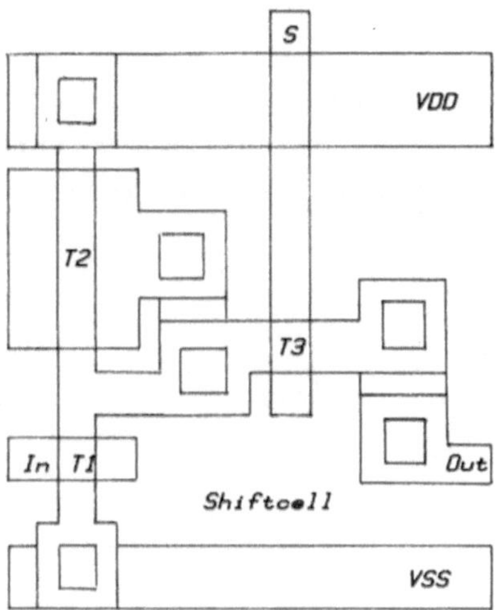

a) Layout Schieberegisterzelle

Shiftcell	Shiftcell	Shiftcell	Shiftcell
1	2	3	4

b) 4-bit Schieberegister

d) Interface

T1 Enhancement	In	VSS	1
T2 Depletion	1	1	VDD
T3 Enhancement	S	1	Out

c) Schaltkreisbeschreibung
Schieberegisterzelle

T1Sc1 Enhancement	InSc1	VSSSc1	1Sc1
T2Sc1 Depletion	1Sc1	1Sc1	VDDSc1
T3Sc1 Enhancement	SSc1	1Sc1	OutSc1
T2Sc2 Enhancement	1Sc2	1Sc2	VDDSc1
T1Sc2 Depletion	OutSc1	VSSSc1	1Sc2

$\vdots$

Scn = n-tes Exemplar von Shiftcell

f) Voll aufgelöste Transistor-
netzliste

Out(Shiftcell 1) = In(Shiftcell 2)
VDD(Shiftcell 1) = VDD(Shiftcell 2)
VSS(Shiftcell 1) = VSS(Shiftcell 2)

e) Cross-Referenz für Zell-
zusammenschluss

Bild 4.47   Stadien der hierarchischen Extraktion

dieser Teil an andere Knoten des gleichen Layers anstößt. Im Beispiel aus Bild 4.47 ist die betroffene Umfangslänge recht klein, jedoch kann der Anteil auch durchaus praktische Bedeutung haben (Bild 4.48).

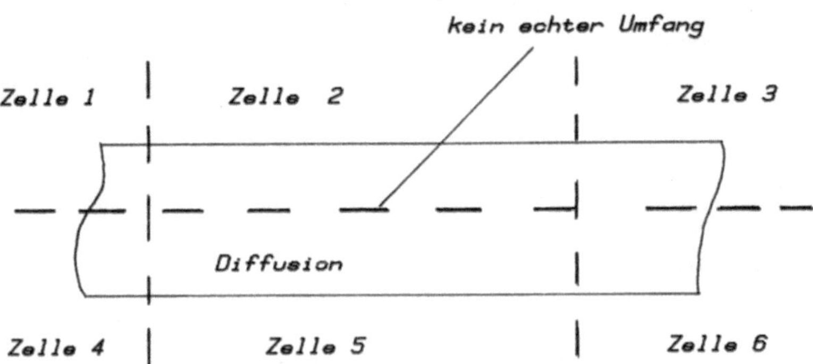

Bild 4.48 Umfangberechnung an Zellengrenzen

5 Logikextraktion

Die durch Schaltkreisextraktion gewonnene Netzliste einer
Schaltung läßt sich mit Schaltkreissimulatoren (SPICE, DOMOS)
simulieren. Wegen der komplizierten halbleiterphysikalischen
Vorgänge innerhalb der Transistoren ist eine solche Simulation
jedoch sehr rechenintensiv. Somit ist eine Simulation auf
Schaltkreisebene für Schaltungen mit mehr als ca. 30
Transistoren nicht mit vertretbarem Rechenaufwand möglich.
Durch Erzeugung einer Logikbeschreibung der Transistorschaltung
läßt sich zum einen die Anzahl der Knoten der Schaltung
verringern, und zum anderen sind die zu verwendenden Modelle
der Schaltungskomponenten sehr einfach. Diese beiden Vereinfachungen gestatten es, daß mit einem Logiksimulator auch
große Schaltungen simuliert werden können /2/.

Die Logikextraktion muß von einer Eingabe ausgehen, die
von einem Schaltkreisextraktor generiert wurde. Es kann sich
hierbei um das Eingabeformat für einen Schaltkreissimulator,
z.B. DOMOS (Abschn. 2.4), handeln. Die Elemente der
Beschreibung sind die Transistoren mit ihren drei Anschlüssen.

5.1 Knotenklassifizierung

Als Schaltungsbeispiel sei die Schaltung nach Bild 5.1
betrachtet. Die Netzliste ist dort in DOMOS-Notation (Abschn.
2.4) angegeben.

Die Knoten von NMOS-Schaltungen lassen sich nach /15/ in
Klassen verschiedener Stärke einteilen:

1. Stärkste Klasse ist die Klasse der Massenknoten, die ständig
   ein low-Signal besitzen (z.B. Gnd).

2. Zweitstärkste Klasse sind die Inputknoten, deren Wert von
   außen bestimmt wird, es sei denn, der Knoten ist direkt oder
   über einen durchgeschalteten Transistor mit einem Masse-

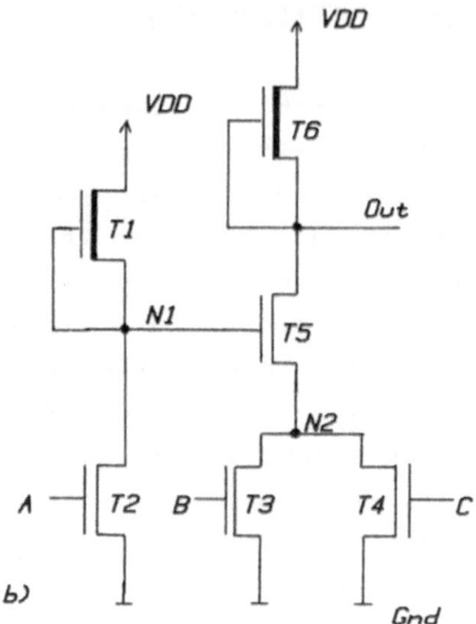


```
T1 Depl  N1   N1  VDD
T2 Enh        A  Gnd  N1
T3 Enh        B  Gnd  N2
T4 Enh        C  Gnd  N2
T5 Enh   N1   N2  Out
T6 Depl  Out  Out VDD
```

Bild 5.1   Eingabedaten einer Beispielschaltung

knoten verbunden (z.B. A, B, C).

3. Drittstärkste Klasse sind pull-up-Knoten, die ein high-Signal besitzen, solange sie nicht mit einem low-Signal von einem Masseknoten oder Inputknoten verbunden sind (z.B. Out, N1).

4. Schwächste Klasse sind die Zwischenknoten, die undefiniert sind, wenn sie mit keinem pull-up-, Input- oder Masseknoten verbunden sind. Existiert eine oder mehrere solcher Verbindungen, so nehmen die Knoten den logischen Pegel an, den der stärkste der mit ihnen verbundenen Knoten besitzt.

Der Typ des Versorgungsspannungsknotens, der in seiner Stärke zwischen dem Masseknoten und dem Inputknoten liegt, wurde hier nicht betrachtet. In der NMOS-Technik werden Knoten nur über pull-up-Transistoren mit der Versorgungsspannung verbunden, nicht aber direkt. Hier handelt es sich dann um

pull-up-Knoten.   In der CMOS-Technologie gibt es andererseits
keine   pull-up-Knoten.   Hier   müßte   die   Klasse   der
Versorgungsspannungsknoten eingeführt werden.

Formaler als oben läßt sich der logische Pegel der
einzelnen Knoten folgendermaßen definieren:

Es existiert eine Funktion PFAD (Knoten1 nach Knoten2),
die 'true' liefert, wenn es eine durchgeschaltete elektrische
Verbindung zwischen Knoten1 und Knoten2 gibt.   Sonst ist der
Funktionswert gleich 'false'.

Zustandsdefinition der Knoten:

1. Masseknoten:

    Zustand .= NULL.

2. Inputknoten:

    IF PFAD (Knoten nach Masseknoten)
        THEN Zustand .= NULL
        ELSE Zustand .= external.

3. pull-up-Knoten:

    IF PFAD (Knoten nach Masseknoten)
        THEN Zustand .= NULL
        ELSE
            IF PFAD (Knoten nach Inputknoten)
                THEN Zustand .= Zustand (Inputknoten)
                ELSE Zustand .= EINS.

4. Zwischenknoten:

    IF PFAD (Knoten nach Masseknoten)
        THEN Zustand .= NULL
        ELSE

```
IF PFAD (Knoten nach Inputknoten)
    THEN Zustand .= Zustand (Inputknoten)
    ELSE
        IF PFAD (Knoten nach pull-up-Knoten)
            THEN Zustand .= EINS
            ELSE Zustand .= ?.
```

Wenn in der obigen Zustandsdefinition die Funktion PFAD durch die logische Bedingung für die Existenz eines Pfades ersetzt wird, so haben wir bereits die Beschreibung der logischen Funktion des Knotens erhalten.

5.2 Der Netzwerkbaum

Zur effizienten Durchführung der Pfadsuche ist eine geeignete Datenstruktur für die Schaltkreisdarstellung notwendig. Die Datenstruktur sollte in die Teilschaltungen partitioniert sein. Die Teilschaltungen sind alle pull-up-Knoten mit ihren Pfaden zum Masseknoten (Bild 5.2).

Die Teilschaltungen lassen sich durch Vielweg-Bäume beschreiben, deren Wurzel der pull-up-Knoten ist und deren Knoten die normalen Knoten des pull-down Netzwerks sind. Die Blätter der Bäume sind Input- oder Masseknoten. Bild 5.3 zeigt die Bäume der Beispielschaltung.

Der Aufbau der Bäume kann in einer Struktur nach Bild 5.4 erfolgen.

Bei einigen Trickschaltungen besitzt der pull-up-Knoten keinen Pfad zu einem Masseknoten innerhalb der Teilschaltung. Als Beispiel sei die Äquivalenzschaltung aus Bild 5.5 genannt.

In der Umgebung der Äquivalenzschaltung werden die Knoten A und B jedoch an Pfade zum Masse- oder Inputknoten angeschlossen (Bild 5.6).

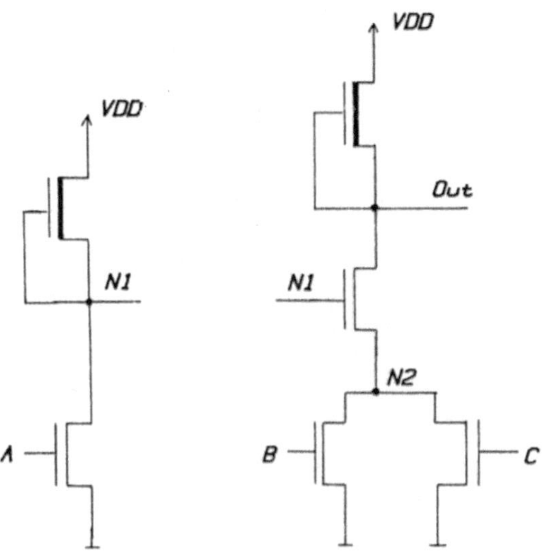

Bild 5.2 Schaltungspartitionierung

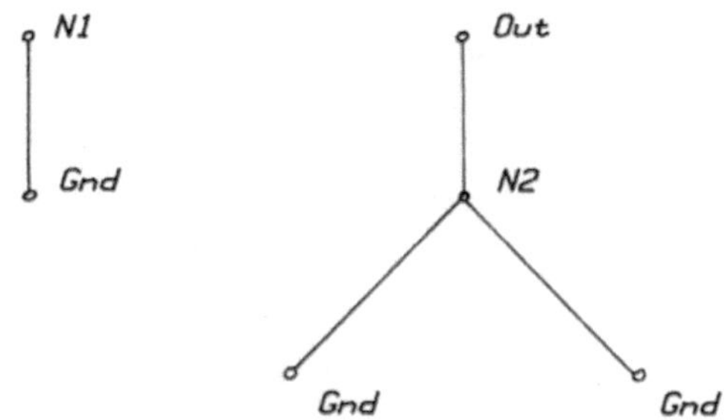

Bild 5.3 Bäume der Beispielschaltung

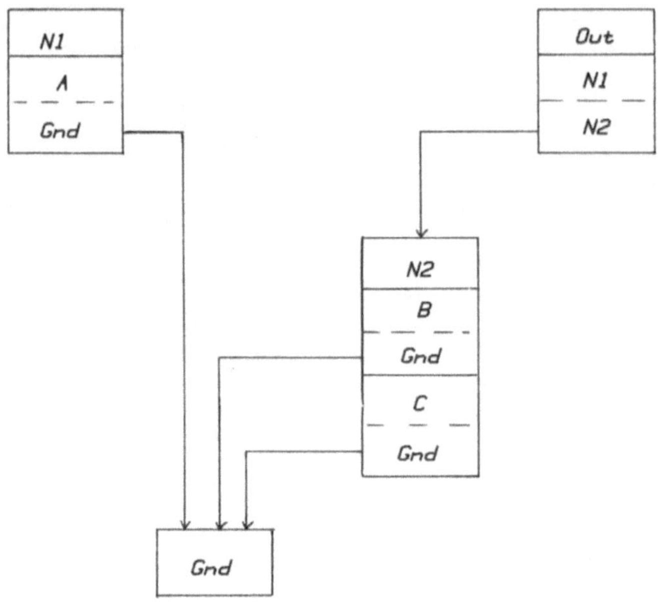

Bild 5.4   Baumstruktur

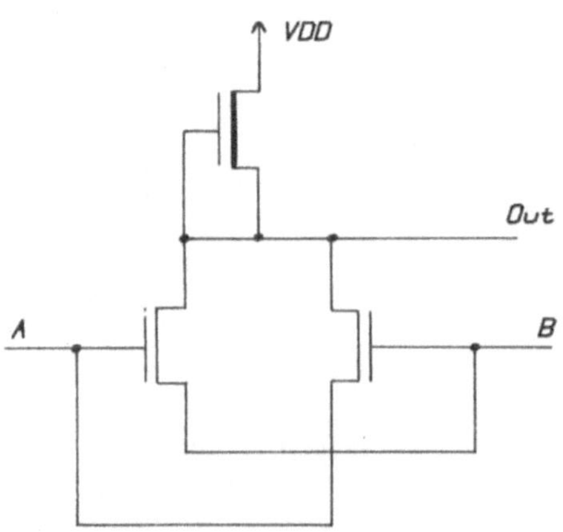

Bild 5.5   Äquivalenzschaltung

Die Bäume der Schaltung aus Bild 5.6 sind in Bild 5.7 dargestellt. Als Besonderheit ist hier anzumerken, daß einzelne Knoten in beiden Bäumen auftreten.

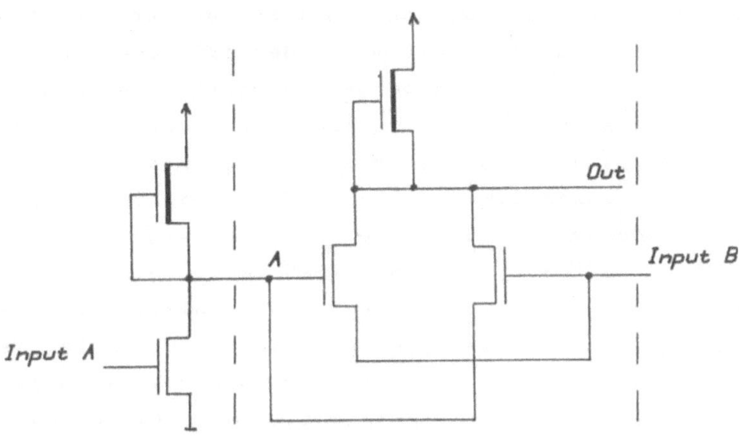

Bild 5.6   Umgebung einer Äquivalenzschaltung

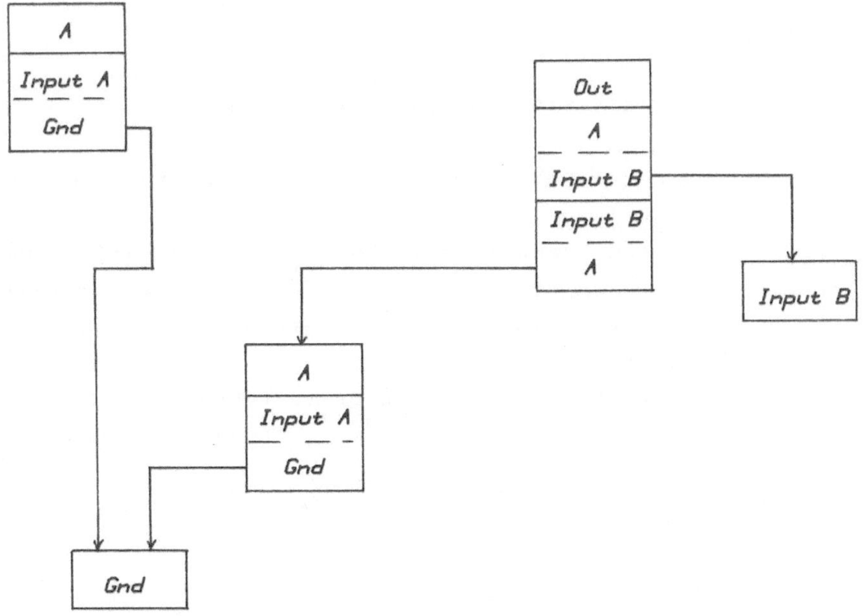

Bild 5.7   Bäume mit mehrfach auftretenden Knoten

5.3 Pfadermittlung

Wie in 5.1 bereits erwähnt, ist die Ermittlung von elektrischen Pfaden zwischen zwei Knoten der Schaltung eine der Hauptaufgaben bei der Bestimmung der logischen Funktion eines Knotens. Der im folgenden vorgestellte Algorithmus zur Pfadverfolgung arbeitet sich zunächst rekursiv von der Wurzel, also dem einen Knoten, bis zu allen Masse- oder Inputknoten herab, um anschließend die Pfade durch die einzelnen Transistoren zurückzuverfolgen. Der Algorithmus ist nicht identisch mit der Funktion PFAD aus Abschnitt 5.2. Hier handelt es sich vielmehr um einen Spezialfall, der den Pfad von einem Knoten zum Masseknoten ermittelt. Parameter der Funktion ist außerdem ein Transistor, über den der aktuelle Knoten bei der bisherigen Pfadsuche erreicht wurde. Dieser Parameter ist notwendig, um zu verhindern, daß die Pfadsuche den alten bereits gefundenen Weg zurück verfolgt.

<u>Algorithmus 5.1</u>

```
FUNCTION MASSEPFAD (KNOTEN, TRANSISTOR);
BEGIN
  IF KNOTEN <> Gnd                       (.Abbruchbedingung.)
    THEN
      FOREACH Transistor T (KNOTEN) <> (TRANSISTOR OR
                                        DEPLETIONTYPE)
        (. Bedingung um nicht gleichen Weg zurückzuver-.)
        (. folgen                                      .)
        DOWNPFAD := DOWNPFAD OR (Gateknoten (T) AND PFAD
                                (Source-knoten (T),T);
      PFAD := DOWNPFAD;
    ELSE EXIT;
END;
```

Damit ergibt sich der logische Wert eines pull-up-Knotens:

```
KNOTEN := NOT ( PFAD (Knotenname, pull-up) )
```

5.4 Gesamtlogik

Die Gesamtlogik einer Schaltung läßt sich ermitteln, indem zunächst Boole sche Gleichungen aller Ausgangsknoten ermittelt werden (Abschn. 5.3). Hierbei werden in der Regel Abhängigkeiten von weiteren Knoten vorkommen, deren logische Funktionen anschließend ermittelt werden. Dieses Verfahren muß rekursiv durchgeführt werden, bis nur noch Abhängigkeiten von Inputknoten vorliegen.

5.5 Rückkopplungen

Das bisher vorgestellte Verfahren ist noch nicht in der Lage, Rückkopplungen innerhalb einer Schaltung zu erkennen und richtig zu verarbeiten. Dieses Problem kann dadurch gelöst werden, daß bei der Pfadsuche jedes Knotens eine Liste geführt wird, die alle vorkommenden Knotennamen enthält, die auf dem Pfad liegen. Bei einem Neueintrag muß jeweils überprüft werden, ob sich der Knotenname bereits in der Liste befindet. Wenn das der Fall ist, so liegt eine Rückkopplung vor. Beim Zurückverfolgen des Baumes (Abschn. 5.3) werden die Knoten wieder aus der Liste gelöscht, da es auch innerhalb einer Teilschaltung Knoten geben kann, die in mehreren Pfaden auftreten, ohne Rückkopplungen zu bilden.

Rückkopplungen innerhalb einer Teilschaltung sind recht unwahrscheinlich und in der Regel Schaltungsfehler. Von Bedeutung sind aber Rückkopplungen, die sich über mehrere Teilschaltungen erstrecken. Diese Rückkopplungen werden bei der Erstellung der Gesamtlogik erkannt, da hier Knoten von ihrem eigenen logischen Wert abhängen. Durch Auftrennen der Rückkopplungspfade und Ermittlung des Pfades vom betreffenden

Knoten durch die Rückkopplungsschleife zu sich selber kann die Zustandsübergangsfunktion dieses Schaltwerkes ermittelt werden. In diesem Fall wird die Logikbeschreibung der Schaltung aus einem Register und einer Zustandsübergangsfunktion zusammengesetzt.

6 RT-Extraktion

Am Beginn eines Schaltungsentwurfs sollte die funktionale Definition der Schaltung auf Funktional- oder Register-Transfer-Ebene stehen. In der RT-Ebene wird die Schaltung zunehmend verfeinert und eine hierarchische Struktur der Schaltung entwickelt, deren Verhalten simuliert werden kann. Diese Hierarchie kann mit den später entstehenden Logik-, Schaltkreis- und Layout-Hierarchien übereinstimmen.

6.1 RT-Extraktion auf Gatterebene

Wenn die RT-Beschreibung in der Benennung der Terminals, Register, etc. bereits mit den entsprechenden Knotennamen übereinstimmt, so ist eine Übersetzung von einfachen Gattern aus der Logikebene in die RT-Ebene möglich.

<u>Beispiel:</u>

```
OUT = NOT (N1 AND(B OR C))                    (Bild 5.2)
N1  = NOT (A)
```

Vor der Umwandlung einer Boole'schen Gleichung aus der Logikebene in die RT-Ebene müssen alle verwendeten Eingänge (hier N1, B, C) bekannt sein. B und C sind externe Eingänge der Schaltung, während N1 der Ausgang einer anderen Stufe der Schaltung ist. Zunächst müssen also NODES N1 und OUT erzeugt und in die richtige logische Beziehung gebracht werden:

```
TERMINAL N1  .= NOT (A);
TERMINAL OUT .= NOT (N1 AND (B OR C));
```

Sind bei der Logikextraktion Rückkopplungen aufgetreten, so müssen im Deklarationsteil Register definiert werden, denen im Anweisungsteil dann Werte zugewiesen werden, die aus der Rückkopplungsbedingung und direkten Eingaben folgen.

6.2 RT-Extraktion funktionaler Blöcke

Eine unstrukturierte Logikbeschreibung eines Objekts läßt sich nicht eindeutig in funktionale Blöcke aufteilen, da es keine Kriterien für die Grenzen zwischen den Blöcken gibt. Bei einer strukturierten Logikbeschreibung sollte in der Struktur die Information enthalten sein, welche Objekte der Logikebene auch als Objekte in der RT-Ebene existieren. Wir wollen hier von einer strukturierten Beschreibung ausgehen, d.h., wir können eine eindeutige Aufteilung der Logikbeschreibung in einzelne Objekte vornehmen. Die Blattzellen der Strukturhierarchie in der RT-Ebene sind die Grundelemente der betreffenden Hardware-Beschreibungssprache (Primitives). Diesen Blattzellen entsprechen bei einem fehlerfreien Entwurf Objekte der Logikbeschreibung, die bei einer geeigneten Datenstruktur eindeutig identifizierbar sein müssen (Bild 6.1).

Ziel der Schaltungsextraktion auf den verschiedenen Ebenen ist nicht die Erzeugung irgendeiner Beschreibung eines Objekts auf der nächsthöheren methodologischen Ebene, sondern die Überprüfung auf funktionale Gleichheit zweier Darstellungen einer Schaltungskomponente. Diese Überprüfung dient der Verifizierung der Schaltung. Hieraus folgen zwei grundsätzlich verschiedene Ansätze von RT-Extraktionen:

a) die synthetisierende RT-Extraktion

b) die analytische RT-Extraktion

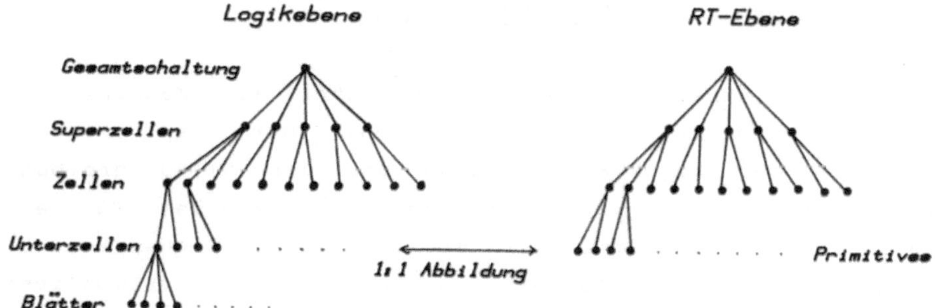

Bild 6.1   Hierarchie Logik-, RT-Ebene

6.2.1   RT-EXTRAKTION DURCH SYNTHESE

Dieses Verfahren müßte versuchen, aus der Logikbeschreibung eine RT-Beschreibung zu synthetisieren. Für einfache Gatterfunktionen ist dies möglich (Abschn. 6.1), jedoch dürfte der Versuch, große funktionale Blöcke ohne Kenntnis der Soll-RT-Beschreibung zu generieren, sehr aufwendig sein; wie z.B. 16*16 bit Multiplizierer, die in der RT-Ebene nur durch ein "*"-Zeichen dargestellt werden. Die Anzahl der möglichen RT-Beschreibungen läßt sich reduzieren, wenn nur solche RT-Primitives betrachtet werden, deren Anzahl der Ein- und Ausgänge des Objekts auf Logik- und RT-Ebene übereinstimmen. Eine Darstellung des betreffenden Objekts der Logikebene in der RT-Ebene ist dann gefunden, wenn eine RT-Beschreibung existiert, deren Funktion mit der Funktion des Objekts übereinstimmt. Eine mögliche Darstellung der Funktion eines Objekts stellt die Wahrheitstafel dar. Hiermit wäre das Problem der RT-Extraktion auf die Isomorphieprüfung zweier Wahrheitstafeln reduziert (Abschn. 7). Die Verifikation erfolgt anschließend durch semantischen Vergleich mit der Soll-Beschreibung. Da die Isomorphieüberprüfung bei einer Vielzahl von potentiellen RT-Beschreibungskandidaten jedoch rechenintensiv ist, wird hier ein weiteres Verfahren vorgeschlagen.

6.3 RT-Extraktion der Gesamtschaltung

Die analytische RT-Extraktion nutzt die Kenntnis der RT-Soll-Beschreibung aus und überprüft nur die funktionale Gleichheit der Logik-Beschreibung und der RT-Beschreibung. Hier existiert also nur ein möglicher Kandidat für eine RT-Beschreibung, und somit wird die benötigte Rechenzeit ca. um den Faktor $1/n$ kleiner, wenn n die Anzahl der möglichen Kandidaten des synthetisierenden Verfahrens ist. Bei nachgewiesen funktional gleichem Verhalten der beiden Beschreibungen stellt die RT-Soll-Beschreibung gleichzeitig eine Beschreibung des Logikobjekts dar:

6.3   RT-EXTRAKTION DER GESAMTSCHALTUNG

Nachdem die Primitives der RT-Ebene aus der Logikbeschreibung extrahiert wurden, kann sich die Verifizierung der Gesamtschaltung auf die Überprüfung der Isomorphie, der Netzgraphen der Zellen, Superzellen, etc., also der höheren Hierarchieebenen bei den Schaltungsbeschreibungen beschränken. Da die Knotennamen der Anschlüsse der Objekte in beiden Ebenen bekannt sind, ist dies sehr einfach, denn alle Verbindungen können direkt geprüft werden (Kapitel 7).

7 Vergleich von Netzwerken

In der Schaltungsverifikation kommt dem Vergleich von Netzwerken eine große Bedeutung zu. Ein solcher Vergleich ist immer dann vorzunehmen, wenn die Soll-Beschreibung einer Schaltung auf einer bestimmten Betrachtungsebene existiert und aus der nächstniedrigen Betrachtungsebene eine Ist-Beschreibung extrahiert wurde. Die Schaltungen bestehen in den Betrachtungsebenen Schaltkreisebene bis RT-Ebene aus Schaltungselementen und Knoten. Die Schaltungselemente sind in der Schaltkreisebene Transistoren, in der Logikebene Gatter und Flipflops und in der RT-Ebene Sprachprimitives und Funktionen oder Zellen. Diese Elemente besitzen Anschlüsse (Gate, Source, Drain, Gatter I/O und RT-I/O), die bestimmten Knoten (Terminals) zugeordnet sind. Hieraus folgt, daß für den Vergleich auf allen drei Ebenen das gleiche Verfahren angewendet werden kann, daß jedoch jeweils andere Typen von Elementen eingeführt werden müssen. Eine solche Vernetzung der Elemente läßt sich als Graph darstellen (Bild 7.1).

Dieser Graph ist wiederum als Matrix darstellbar, in der die Zeilen den Elementen und die Spalten den Knoten entsprechen (Bild 7.1c). Zwei Schaltungen sind dann funktional gleich, wenn sich ihre Netzmatrizen durch Vertauschen von Zeilen und Spalten ineinander überführen lassen. Die Matrizen sind dann isomorph. Wenn beim Design einer Schaltung alle Knoten und Elemente mit Namen versehen wurden und diese in der Soll- und Ist-Beschreibung gleich sind, so läßt sich die Isomorphie der Graphen sehr leicht feststellen. Hierzu müßten die Zeilen und Spalten beider Beschreibungen in der gleichen Reihenfolge aufgeführt werden und anschließend ein Vergleich der Matrizen erfolgen.

Existiert jedoch keine eindeutige Bezeichnung der Knoten und Elemente, so muß durch Vertauschen von Zeilen und Spalten in beiden Matrizen versucht werden, eine Identität herzustellen und damit die Isomorphie der Graphen zu beweisen. Bei größeren Zellen einer Schaltung kann die Anzahl der Elemente und Knoten durchaus jeweils einige hundert betragen. Die Anzahl der möglichen Matrizen ergibt sich aus der Permutation der Spalten und der Permutation der Zeilen der Matrix. Wenn in einem kleinen Beispiel n die Anzahl der Spalten = 100 ist und m die Anzahl der Zeilen = 100 ist, so ist die Anzahl der Matrizen n! * m! = 10 E 316. Hieraus folgt, daß der Versuch, die Isomorphie durch naives fortwährendes Vertauschen von Zeilen und Spalten mit anschließendem Vergleich der Matrizen zu prüfen, nicht praktisch durchführbar ist.

Im folgenden soll ein Verfahren vorgestellt werden, welches die mögliche Anzahl von Vertauschungen reduziert /1/. Ziel des Verfahrens ist es, die Matrix in kleine Matrizen aufzuspalten, die dann leicht verglichen werden können.

Ähnliche Verfahren werden auch zur Blockextraktion angewandt, also zur Erkennung bestimmter funktionaler Blöcke, z.B. RS-Flipflop, innerhalb größerer Netzlisten /5/.

Das Prinzip des Verfahrens beruht darauf, strukturell ähnliche Blöcke sowohl in der Soll-, als auch in der Ist-Beschreibung zusammenzufassen. Hierzu werden die Netzwerkmatrizen zunächst mit weiteren Informationen versehen. Je nach Art der Bauelemente haben die Anschlüsse dieses Bauelementes unterschiedliche physikalische Bedeutung. So kann auf der Schaltkreisebene bei einem Transistor z.B. zwischen den Anschlüssen Gate und Source unterschieden werden. Auch die Elemente auf höheren Betrachtungsebenen besitzen verschiedene Anschlußtypen, so kann auf der RT-Ebene z.B. zwischen Eingängen, Ausgängen und Bussen unterschieden werden.

Diese zusätzliche Information wird in die Matrix des Netzes eingebracht, indem in die Spalten der Knoten die Typen der Anschlüsse eingetragen werden, also z.B. in Bild 7.1 c) G, S etc. Die Anzahl der einzelnen Typen eines Knotens werden aufsummiert und bilden das Gewicht des Knotens. Im nächsten Schritt werden die Knoten gleichen Gewichts zu Blöcken zusammengefaßt (Bild 7.2 a)).

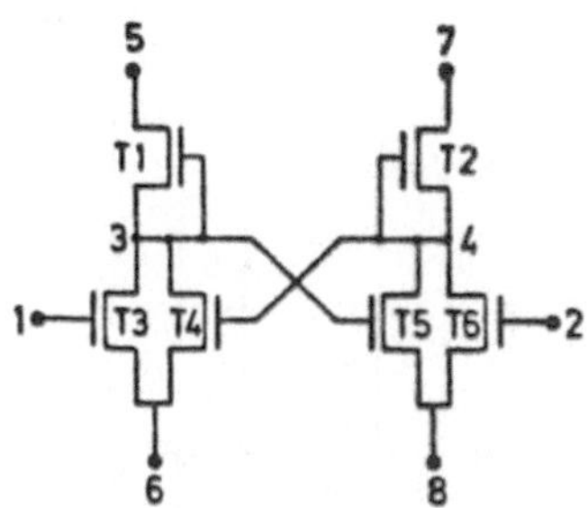

a)   Transistorschaltung

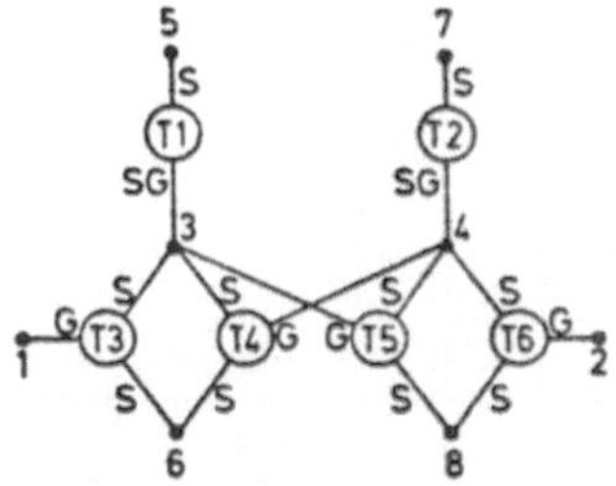

b)   Graph

nodes elem.	1	2	3	4	5	6	7	8
1			SG		S			
2				SG			S	
3	G		S			S		
4			S	G		S		
5			G	S				S
6		G		S				S

c)   Matrixdarstellung

Bild 7.1   Netzwerkdarstellungen   (aus Jäger /1/)

nodes \ elem	1	2	3	4	5	6	7	8
1			SG		S			
2				SG			S	
3	G		S			S		
4			S	G		S		
5			G	S				S
6		G		S				S
	G	G	SG G 2·S	SG G 2·S	S	2·S	S	2·S
	β	β	α	α	γ	δ	γ	δ

Bild 7.2 a)   Matrix der Spaltengewichtung   (aus Jäger /1/)

nodes \ elem	3	4	1	2	6	8	5	7		
1	SG						S		$\alpha_{SG}\cdot\delta_S$	ϵ
2		SG						S	$\alpha_{SG}\cdot\delta_S$	ϵ
3	S		G		S				$\alpha_S\beta_G\gamma_S$	ν
4	S	G			S				$\alpha_S\alpha_G\cdot\gamma_S$	ω
5	G	S				S			$\alpha_G\alpha_S\gamma_S$	ω
6		S		G		S			$\alpha_S\beta_G\cdot\gamma_S$	ν
	α		β		γ		δ			

Bild 7.2 b)   Matrix mit Zeilengewichtung   (aus Jäger /1/)

Diese Spaltengewichte werden den einzelnen Anschlüssen in
den Zeilen als zusätzliche Kennung zugeordnet (Bild 7.2 b)).
Diese Kennungen werden nun in den einzelnen Zeilen aufsummiert
und ergeben ein Zeilengewicht.   Jetzt werden die Zeilen und
Spalten der Matrix derart vertauscht, daß Zeilen und Spalten
gleichen Gewichts jeweils über- bzw. nebeneinander stehen
(Bild 7.3 a)).

S, G, SG : Anschlusstypen

a) Soll-Schaltung

	3	4	1	2	6	8	5	7
1	SG						S	
2		SG						S
4	S	G			S			
5	G	S				S		
3	S		G		S			
6		S		G		S		

b) Ist-Schaltung

	1	2	3	4	5	6	7	8
1	SG							S
2		SG					S	
3	S	G				S		
4	G	S			S			
5		S	G			S		
6	S			G		S		

c) 1. Vertauschung

	1	2	3	4	5	6	7	8
2		SG					S	
1	SG							S
3	S	G				S		
4	G	S			S			
5		S	G			S		
6	S			G		S		

d) 2. Vertauschung

	2	1	3	4	5	6	7	8
2	SG						S	
1		SG						S
3	G	S				S		
4	S	G			S			
5	S		G			S		
6		S		G		S		

e) 3. Vertauschung = Soll-Schaltung

	2	1	3	4	5	6	7	8
2	SG						S	
1		SG						S
4	S	G			S			
3	G	S				S		
5	S		G		S			
6		S		G		S		

Bild 7.3   Isomorphienachweis   (nach Jäger /1/)

Ziel dieser Umordnung war es, die Matrix in Blöcke aufzuteilen, die jeweils in allen Zeilen und Spalten gleiches Gewicht haben.

Zwei Matrizen sind dann isomorph, wenn für alle Blöcke gilt:

1.   sie haben gleiches Gewicht

2.   sie haben die gleiche Position in der Matrix

3.   sie sind isomorph

Diese Isomorphie ist wegen der geringen Größe der Blöcke leichter festzustellen. Im allgmeinen sind die Blöcke voneinander abhängig, d.h., wenn bei einem Block zwei Spalten vertauscht werden, so werden auch andere Blöcke geändert. Dies wird rückgängig gemacht, indem die entsprechenden Zeilen vertauscht werden. Hierbei treten wieder Änderungen in anderen Blöcken auf, die durch Spaltenvertauschung aufgehoben werden, etc..

Bild 7.3 zeigt ein Beispiel für die Vertauschung von Zeilen und Spalten zum Isomorphienachweis. Zunächst soll Gleichheit im rechten oberen Block erreicht werden. Hierzu werden die ersten beiden Zeilen vertauscht. Der hier aufgetretene Fehler im linken oberen Block wird durch Spaltenvertauschung aufgehoben. Dieses Vorgehen wiederholt sich, bis nur der eine Block veränderlich ist oder bis Isomorphie festgestellt wurde. Wird der erste vertauschte Block aufgrund weiterer Spalten- oder Zeilenvertauschungen wieder vertauscht, so liegt keine Isomorphie vor.

In /1/ werden Laufzeitmessungen dieses Algorithmus angegeben, die eine lineare Komplexität des Algorithmus in Abhängigkeit von der Größe der Netzliste aufzeigen.

Literaturverzeichnis

[1]   Ablasser, I.; Jäger, U.:
        Circuit Recognition and Verification Based on Layout
        Information.
        Proc. 18th. Design Automation Conference, 1981

[2]   Ackland, Bryan; Weste, Neil:
        Functional Verification in an Interactive Symbolic IC
        Design Environment.
        Proc. Caltech Conference on VLSI, 1981

[3]   AEG-TELEFUNKEN:
        DISIM Simulationssystem für binäre Schaltwerke, Kurz-
        beschreibung.
        Berlin, 1982

[4]   Albert, M.; Cloutier, R.; Hurd, B.; Rudell, R.; Zimmer-
        mann, G.:
        Mimola Primer.
        Honeywell Corporate Computer Sciences Center,
        Bloomington, 1982

[5]   Barke, E.; Höpken, T.; Lüllau, F.:
        A Technology Independent Block Extraction Algorithm.
        Proc. 21st. Design Automation Conference, Albuquerque,
        1984

[6]   Bentley, J. L.; Ottmann, T. A.:
        Algorithms for Reporting and Counting Geometric Inter-
        sections.
        IEEE Transactions on Computers, Vol. 28, No. 9, 1979

[7]   Blank, Tom:
        A Survey of Hardware Accelerators Used in Computer Aided
        Design.
        IEEE Design and Test, No. 8, 1984

[8]   Braun, Peter; Hartenstein, R. W.; Haßdenteufel, J.:
        Pixel Oriented Layout Analysis.
        Universität Kaiserslautern, FB Informatik, 1982

[9]   Conway, L. A.; Mead, C. A.:
        Introduction to VLSI Systems.
        Addison-Wesley Publishing Company, Inc., 1980

[10]   Dewey, Al:
        The VHSIC Hardware Description Language (VHDL) Program.
        Proc. 21st. Design Automation Conference, Albuquerque,
        1984

[11]   EDIF Steering Committee:
        EDIF Specification, Version 1.0.
        Pro Print & Services, Sunnyvale, CA, 1985

[12]   Girardi, G.:
        ABL Editor: User Manual.
        CSELT, Turin; Universität Kaiserslautern, 1984

[13]   Gröning, K.; Lewke, K.-D.; Rammig, F. J.:
        A Unified Multilevel Simulation Technique.
        Digest of Technical Papers, ICCAD, Santa Clara, 1984

[14]   Gupta, Anoop; Hon, Robert W.:
        Two Papers on Circuit Extraction.
        Dep. of Comp. Science, Carnegie Mellon University,
        Pittsburgh, 1982

[15]   Hajj, Ibrahim; Saab, Daniel:
        A Logic Expression Generator for MOS Circuits.
        Proc. Int. Conf. on Circuits and Computers, New York, 1982

[16]   Hamachi, G. T.; Mayo, R. N.; Ousterhout, J. K.; Scott, W.
        S.; Taylor, G. S.:
        MAGIC: A VLSI Layout System.
        Proc. 21st. Design Automation Conference, Albuquerque,
        1984

[17]   Hartenstein, R. W.:
        Fundamentals of Structured Hardware Design.
        North-Holland Publ. Comp., Amsterdam, 1977

[18]   Hartenstein, R. W.; Hauck, R.; Hirschbiel, A.; Nebel, W.;
        Weber, M.:
        PISA, a CAD Package and Special Hardware for Pixel-
        Oriented Layout Analysis.
        Digest of Technical Papers, International Conference on
        Computer Aided Design, ICCAD, Santa Clara, 1984

[19]   Hartenstein, R. W.; Lemmert, K.:
        KARL-III Language Reference Manual.
        Universität Kaiserslautern, FB Informatik, 1984

[20]   Herman, William J.; Tarolli, Garrt M.:
        Hierarchical Circuit Extraction with Detailed Parasitic
        Capacitance.
        Proc. 20th. Design Automation Conference, Miami Beach,
        1983

[21]   Hoey, D.; Shamos, M. J.:
        Geometric Intersection Problems.
        Proc. 17th. Annual Symposium on Foundations of Computer
        Science, Houston, Texas, 1976

[22]   Hon, Robert, W.:
        The Hierarchical Analysis of VLSI Designs.
        Dep. of Comp. Science, Rep. CMU-CS-83-170, Carnegie
        Mellon University, Pittsburgh, 1983

[23]   Hsueh, Min-Yu:
        Symbolic Layout and Compaction of Integrated Circuits.
        Memorandum No. UCB/ERL M 79/80, University of California,
        Berkeley, 1979

[24]   Keller, K. H.; Newton, A. R.:
        KIC2: A Low-Cost Interactive Editor for Integrated
        Circuit Design.
        Digest of IEEE Compcon 82 Conference, San Francisco, 1982

[25]   Kernighan, B. W.; Ritchie, D. M.:
        The C Programming Language.
        Prentice-Hall, 1978

[26]   Koller, U.; Lauther, U.:
        AUTOPRUEF - ein Programm zur geometrischen Prüfung von
        Maskenentwürfen für integrierte Schaltkreise.
        Siemens Forsch.- und Entwickl.-Ber. Bd. 2 (1973) Nr.2,
        Springer-Verlag, Heidelberg, 1973

[27]   Lauther, Ulrich:
        Simple but Fast Algorithms for Connectivity Extraction
        and Comparision in Cell Based VLSI Design.
        European Conference on Circuit Theory and Design,
        ECCTD, 1980

[28]   Liell, Peter:
        Testerzeugung für Datenpfade aus iterativ aufgebauten
        Funktionsbausteinen.
        Dissertation, Universität Kaiserslautern, FB Informatik,
        1983

[29]   Lindsay, B. W.; Praes, B. T.:
        Design Rule Checking and Analysis of IC Mask Design.
        Proc. 13th. Design Automation Conference, San Francisco,
        1976

[30]   Müller-Glaser, K. D.; Schmidt, K. H.; Wach, W.:
A New Method of VLSI Conform Design for MOS Cells.
Siemens Forsch.- und Entwickl.-Ber. Bd. 12 (1983), Nr. 4,
Springer-Verlag, Heidelberg, 1983

[31]   Nagel, L. W.:
SPICE2: A Computer Program to Simulate Semiconductor
Circuits.
Dissertation, ERC-M 520, University of California,
Berkeley, 1975

[32]   Nebel, Wolfgang:
Ein Layout-generierendes System mit ABL-Eingabe.
Universität Kaiserslautern, FB Informatik, 1984

[33]   Nishide, T.; Ohwada, N.; Tansho, K.; Yoshimura, H.:
An Algorithm for Resistance Calculation from IC Mask
Pattern Information.
Proc. Int. Symp. on Circuits and Systems, Tokyo, 1979

[34]   Ousterhout, J. K.:
CAESAR: An Interactive Editor for VLSI Layout.
VLSI Design, 4th. Quarter, 1981

[35]   Schulz, H.-J.:
Probleme der geometrischen Datenverarbeitung im Zusammen-
hang mit der Maskenherstellung für integrierte Schaltkreise.
AEG-Telefunken, Technische Notiz Nr. 34/73, 1973

[36]   Sibbert, H.:
DOMOS: A Nonlinear Transient Simulation and Optimisation
Program for Integrated MOS Circuits (Version 7/5), User
Manual.
Universität Dortmund, Lehrstuhl Bauelemente der Elektro-
technik, 1982

[37]   Simonyi, K.:
        Theoretische Elektrotechnik.
        VEB Deutscher Verlag der Wissenschaften, Berlin, 1979

[38]   Sternberg, Stanley R.:
        Biomedical Image Processing.
        Computer, No. 1, 1983

[39]   Welters, Udo:
        Multilevel-Editor System.
        Universität Kaiserslautern, FB Informatik, 1985

[40]   Williams, John D.: STICKS - A Graphical Compiler for
        High Level LSI Designs.
        Proc. American Federation of Information Processing
        Societies, AFIPS, Anaheim, CA, 1978

Sachverzeichnis

Leitfäden und Monographien der Informatik

Brauer: **Automatentheorie**
493 Seiten. Geb. DM 54,—

Messerschmidt: **Linguistische Datenverarbeitung mit Comskee**
207 Seiten. Kart. DM 34,—

Richter: **Betriebssysteme**
2., neubearbeitete und erweiterte Auflage
303 Seiten. Kart. DM 34,—

Wirth: **Algorithmen und Datenstrukturen**
3., überarbeitete Auflage
320 Seiten. Kart. DM 36,—

Preisänderungen vorbehalten

 B. G. Teubner Stuttgart

Teubner Studienbücher

Informatik

Berstel: **Transductions and Context-Free Languages**
278 Seiten. DM 38,— (LAMM)

Deth: **Verfahren der schnellen Fourier-Transformation**
316 Seiten. DM 34,— (LAMM)

Bolch/Akyildiz: **Analyse von Rechensystemen**
Analytische Methoden zur Leistungsbewertung und Leistungsvorhersage
269 Seiten. DM 29,80

Dal Cin: **Fehlertolerante Systeme**
206 Seiten. DM 24,80 (LAMM)

Ehrig et al.: **Universal Theory of Automata**
A Categorical Approach. 240 Seiten. DM 24,80

Giloi: **Principles of Continuous System Simulation**
Analog, Digital and Hybrid Simulation in a Computer Science Perspective
172 Seiten. DM 25,80 (LAMM)

Kandzia/Langmaack: **Informatik: Programmierung**
234 Seiten. DM 24,80 (LAMM)

Kupka/Wilsing: **Dialogsprachen**
168 Seiten. DM 21,80 (LAMM)

Maurer: **Datenstrukturen und Programmierverfahren**
222 Seiten. DM 26,80 (LAMM)

Oberschelp/Wille: **Mathematischer Einführungskurs für Informatiker**
Diskrete Strukturen. 236 Seiten. DM 24,80 (LAMM)

Paul: **Komplexitätstheorie**
247 Seiten. DM 26,80 (LAMM)

Richter: **Betriebssysteme**
Eine Einführung. 152 Seiten. DM 28,80 (LAMM)

Richter: **Logikkalküle**
232 Seiten. DM 24,80 (LAMM)

Schlageter/Stucky: **Datenbanksysteme: Konzepte und Modelle**
2. Aufl. 368 Seiten. DM 34,— (LAMM)

Schnorr: **Rekursive Funktionen und ihre Komplexität**
191 Seiten. DM 25,80 (LAMM)

Spaniol: **Arithmetik in Rechenanlagen**
Logik und Entwurf. 208 Seiten. DM 24,80 (LAMM)

Vollmar: **Algorithmen in Zellularautomaten**
Eine Einführung. 192 Seiten. DM 23,80 (LAMM)

Weck: **Prinzipien und Realisierung von Betriebssystemen**
299 Seiten. DM 34,— (LAMM)

Wirth: **Compilerbau**
Eine Einführung. 3. Aufl. 117 Seiten. DM 17,80 (LAMM)

Wirth: **Systematisches Programmieren**
Eine Einführung. 5. Aufl. 160 Seiten. DM 23,80 (LAMM)

Preisänderungen vorbehalten